高氨氮废水资源能源化处理
技术及应用

陈　一　许林季　著

科学出版社

北　京

内 容 简 介

本书总结高氨氮废水的来源、特征及危害，阐述高氨氮抑制及毒性机理，归纳当前高氨氮废水处理现状、处理工艺及其优缺点，提出高氨氮资源化回收概念，介绍新型氨氮回收技术及原理，展望氨氮未来应用方向，为高氨氮废水资源能源化处理提供技术参考。

本书不仅适合工业废水处理领域的科研人员、技术人员和管理人员阅读，也适合高等院校环境科学与工程及相关专业的师生参考。

图书在版编目（CIP）数据

高氨氮废水资源能源化处理技术及应用 / 陈一，许林季著. — 北京：科学出版社，2025. 6. — ISBN 978-7-03-081969-7

Ⅰ.X703

中国国家版本馆 CIP 数据核字第 20259UN532 号

责任编辑：刘　琳　韩雨舟 / 责任校对：彭　映
责任印制：罗　科 / 封面设计：墨创文化

科 学 出 版 社 出版

北京东黄城根北街 16 号
邮政编码：100717
http://www.sciencep.com

成都锦瑞印刷有限责任公司 印刷

科学出版社发行　各地新华书店经销

*

2025 年 6 月第　一　版　　开本：787×1092　1/16
2025 年 6 月第一次印刷　　印张：9 1/4
字数：220 000

定价：98.00 元

（如有印装质量问题，我社负责调换）

前　言

　　随着工业化和城市化的快速发展，高氨氮废水的排放量显著增加，成为水环境污染的重要来源之一。高氨氮废水不仅会对水体生态系统构成威胁，还可能危害人类健康。氨氮是氮素循环中的重要组成部分，其回收与利用具有重要的资源化意义。如何在有效去除氨氮的同时实现资源与能源回收，已成为当前环境保护领域的热点和难点问题之一。随着环境法规的日益严格和资源化利用的理念深入人心，高氨氮废水处理逐步从简单的去除污染物向资源回收与能源化利用转变。

　　在去除阶段，主要利用传统氨氮废水处理技术，其核心目标是降低排放物中氨氮浓度，使其达到环保法规的排放标准。主要处理方法是物理化学法，如吹脱法、离子交换法、化学沉淀法等，适用于高浓度废水，但能耗高且成本较高。其次是生物脱氮技术，以硝化-反硝化工艺为主，通过微生物作用将氨氮转化为氮气排放，具有成本较低、处理效果稳定的优点，但对废水浓度和水质要求较高。随着技术迭代更新，许多新型脱氮技术面向市场，如短程硝化-反硝化、厌氧氨氧化（anaerobic ammonium oxidation，ANAMMOX），相比传统工艺能显著降低能耗和碳源消耗，逐步成为研究热点。

　　在资源回收阶段，在追求环境保护的过程中，氨氮废水中的氮素逐渐被视为潜在资源。氮是农业生产的重要养分来源，通过资源化回收可实现废物再利用。例如，利用蒸氨技术或膜蒸馏技术从废水中提取氨气，进一步制备硫酸铵或液氨等化肥产品，或直接通过化学沉淀法（如加入镁盐和磷酸盐生成鸟粪石）进行浓缩回收，用于农业生产。还有膜分离技术，如反渗透（reverse osmosis，RO）或纳滤（nanofiltration，NF），用于浓缩氨氮，提高资源回收效率。

　　在能源化利用阶段，由于氨由氮和氢两种元素组成，在温和条件下可作为储氢载体，因此，氨氮废水处理进一步向能源化方向发展，可实现污染治理与能源获取的双重目标。氨氮能源回收的主要路径包括：①厌氧消化与产氢，利用厌氧微生物将氨氮废水中的有机物转化为甲烷（CH_4）或氢气（H_2），作为清洁能源来源；②微生物燃料电池（microbial fuel cell，MFC）将氨氮废水中的污染物转化为电能，实现废水处理与发电同步；③液氨作为零碳燃料的潜力而备受关注，通过从氨氮废水中提取氨并用于燃料电池或燃烧装置，可实现能源回收。

　　本书以高氨氮废水资源和能源回收为主题，从原理、技术到实际应用进行系统阐述，试图补充完善这一领域的系统性研究与实践指导。书中内容覆盖了高氨氮废水的来源与特性、氨氮转化与回收的基本理论、各种资源化与能源化技术的最新研究进展以及在实际工程中的成功应用案例。

　　本书的核心思想在于"变废为宝"。通过先进的技术手段，将高氨氮废水中的氨氮转化为有价值的资源，如氨水、肥料或氢气等能源载体，从而实现废水处理的经济与环境效益的最大化。本书不仅关注现有技术的优化和提升，也探讨未来潜在的创新技术与发展方向，为研究人员和工程师提供重要的参考。

本书适合环境工程、化学工程、水处理等领域的研究人员、工程技术人员以及相关专业的师生阅读使用。希望本书的出版能够为高氨氮废水处理及资源化回收领域的发展注入新的动力，为我国乃至全球的水环境保护事业贡献一份力量。

在本书的撰写过程中，得到了多位专家学者的支持与指导，也得益于相关领域研究团队的宝贵成果。在此，谨向所有为本书付出努力的人士表示衷心的感谢！由于作者水平有限，书中难免存在不足之处，恳请广大读者批评指正。

目　　录

第1章　氨氮产生及危害 ··· 1

1.1　氨氮产生 ·· 1

1.2　氨氮废水来源 ·· 2

1.2.1　城市生活污水 ·· 3

1.2.2　工业废水 ·· 4

1.2.3　畜禽养殖废水 ·· 4

1.2.4　垃圾填埋场渗滤液 ·· 4

1.3　氨氮的危害 ·· 5

1.3.1　水体富营养化 ·· 5

1.3.2　危害水生生物 ·· 6

1.3.3　影响饮用水水质 ··· 6

1.3.4　污染土壤 ·· 7

1.4　研究目的及意义 ··· 8

参考文献 ·· 9

第2章　高氨氮毒性及消减 ·· 10

2.1　氨氮对水生生物产生的毒性及其机理 ·· 10

2.2　氨氮对厌氧微生物的毒性及机理 ··· 11

2.2.1　氨氮抑制厌氧发酵过程机理 ·· 11

2.2.2　影响氨氮对微生物毒性的重要因素 ·· 11

2.3　氨抑制效应的消减 ·· 13

2.3.1　氨吹脱 ·· 13

2.3.2　微生物固定化 ·· 13

2.3.3　微生物菌群驯化 ··· 14

参考文献 ··· 14

第3章　吹脱技术处理高氨氮废水 ·· 16

3.1　吹脱工艺原理 ·· 16

3.2　铵氨转化的化学平衡 ··· 17

3.2.1　酸碱平衡 ·· 18

3.2.2　气体交换平衡 ·· 19

3.3　影响氨吹脱的主要因素 ·· 20

3.3.1　温度 ·· 20

3.3.2　pH ·· 20

3.3.3　气水比 ·· 21
3.4　吹脱技术的应用 ·· 21
3.4.1　吹脱技术去除厌氧消化液中的氨 ····················· 21
3.4.2　吹脱法回收尿液中的氨 ····························· 23
3.5　吹脱法去除或回收废水中氨存在的问题 ···················· 25
3.5.1　结垢问题 ··· 25
3.5.2　污泥产生 ··· 25
3.5.3　氨气释放 ··· 25
3.6　吹脱工艺的改进 ·· 26
3.6.1　氨吹脱反应器的改进 ······························· 26
3.6.2　膜接触器 ··· 28
3.6.3　膜蒸馏 ··· 28
3.6.4　离子交换循环吹脱 ································· 29
3.6.5　微波辐射脱氨 ····································· 29
3.7　不同氨吹脱工艺比较 ···································· 30
参考文献 ·· 31
第4章　离子交换处理高氨氮废水 ······························ 34
4.1　离子交换平衡 ·· 34
4.2　离子交换的选择性 ······································ 36
4.3　离子交换树脂再生 ······································ 38
4.3.1　化学再生 ··· 38
4.3.2　生物再生 ··· 38
4.3.3　热再生 ··· 39
4.4　离子交换剂 ·· 39
4.4.1　沸石中的离子交换 ································· 39
4.4.2　聚合物离子交换剂 ································· 42
4.5　离子交换剂在氨氮处理方面的应用 ······················· 45
参考文献 ·· 46
第5章　化学法处理高氨氮废水 ································ 47
5.1　化学沉淀法 ·· 47
5.1.1　鸟粪石沉淀过程的化学基础 ························· 47
5.1.2　鸟粪石沉淀的影响因素 ····························· 48
5.1.3　化学沉淀法的应用 ································· 51
5.2　折点氯化法 ·· 52
5.3　光催化氧化氨 ·· 53
5.3.1　机理 ··· 53
5.3.2　半导体材料催化剂 ································· 53
5.3.3　光催化工艺及应用 ································· 55

参考文献···57
第 6 章　藻菌体系处理高氨氮废水···59
　6.1　微藻体系···59
　　6.1.1　微藻氮源和氨的利用过程···60
　　6.1.2　铵/氨平衡及其对微藻的影响···61
　　6.1.3　微藻在氨氮废水处理领域的应用···61
　6.2　藻菌体系···63
　　6.2.1　藻菌体系处理氨氮废水的机理···63
　　6.2.2　藻菌体系处理氨氮废水的影响因素···64
　6.3　藻菌体系处理氨氮废水的挑战···66
　参考文献···66
第 7 章　膜分离技术处理高氨氮废水···69
　7.1　膜材料···69
　　7.1.1　聚四氟乙烯···69
　　7.1.2　聚丙烯中空纤维膜···72
　7.2　膜蒸馏···74
　　7.2.1　真空膜蒸馏···75
　　7.2.2　吹扫气膜蒸馏··76
　　7.2.3　直接接触膜蒸馏··77
　7.3　反渗透···81
　　7.3.1　反渗透原理···82
　　7.3.2　反渗透膜种类··82
　　7.3.3　半透膜的性能··83
　　7.3.4　反渗透膜分离技术及应用··83
　7.4　电去离子技术··85
　　7.4.1　电去离子模块配置···85
　　7.4.2　离子排出和流动电去离子机制···85
　　7.4.3　电去离子技术应用于氨去除··86
　　7.4.4　电去离子与其他技术的耦合··86
　7.5　电渗析···87
　　7.5.1　电渗析原理···87
　　7.5.2　电渗析模块···87
　参考文献···89
第 8 章　生物电化学系统回收氨氮技术···92
　8.1　废水中 TAN 的生物电化学回收机理··93
　　8.1.1　NH_4^+ 从阳极室转移到阴极室··94
　　8.1.2　NH_4^+ 转化为 NH_3··95
　　8.1.3　NH_3 提取与回收···95

8.2 生物电化学系统回收氨氮构型 ·································· 96

8.2.1 微生物燃料电池 ·· 96

8.2.2 微生物电解池 ·· 96

8.2.3 微生物脱盐池 ·· 98

8.3 挑战和前景 ·· 98

8.3.1 电流密度 ··· 98

8.3.2 提高电流密度面临的挑战 ·································· 100

8.3.3 废水氨浓度的重要性 ····································· 100

8.3.4 氨回收的 BES 放大 ······································ 101

参考文献 ··· 102

第 9 章 氨作为氢气替代燃料 ·································· 105

9.1 引言 ·· 105

9.2 直接氨燃料电池工作原理及反应动力学 ························· 106

9.2.1 工作原理 ··· 106

9.2.2 氨分解的热力学和动力学 ·································· 107

9.3 直接氨燃料电池电极材料 ···································· 108

9.4 直接氨燃料电池类型 ·· 113

9.4.1 氧离子导电电解质固体氧化物氨燃料电池 ····················· 113

9.4.2 质子传导电解质固体氧化物氨燃料电池 ······················ 114

9.4.3 质子膜氨燃料电池 ······································· 115

9.4.4 碱性氨燃料电池 ··· 115

9.5 氨燃料的应用 ·· 116

9.5.1 氨燃料在非锅炉设备中的应用研究 ·························· 116

9.5.2 氨燃料在燃煤锅炉中的应用 ································ 118

9.5.3 氨作为未来汽车燃料 ····································· 121

9.5.4 氨作为船舶运输燃料 ····································· 122

9.6 氨能源化应用面临的挑战 ···································· 122

参考文献 ··· 123

第 10 章 氨氮回收市场潜力、应用及面临的挑战 ·················· 129

10.1 氨氮资源化回收市场现状 ···································· 129

10.2 氨氮回收的经济分析 ······································· 130

10.3 氨氮废水资源化回收面临的挑战 ······························ 131

10.4 氨氮回收前景及未来发展趋势 ································ 134

参考文献 ··· 138

第1章 氨氮产生及危害

氨氮是指水中以氨（NH_3）和铵离子（NH_4^+）形式存在的氮元素的总量，主要来自工业如化肥生产、合成树脂生产的废水，农业领域的施肥、农药、养殖业的废水，城市污水处理厂在污水处理过程中未经充分处理的污水，以及河流、湖泊和海洋中有机物分解过程的自然释放。氨氮是水体中的重要污染物，可能导致生态系统失衡，影响水生生物的生存和繁殖，甚至引发大规模水生生物死亡，破坏水域生态平衡。此外，饮用受氨氮污染的水可能对人体健康造成危害，长期饮用可能引发肝肾疾病等健康问题。氨氮还会导致水体富营养化，促进藻类生长，引发水华，使水质浑浊，影响水源利用和生活用水安全。因此，有效控制氨氮的产生和排放，加强水体污染治理，是保护水环境和人类健康的重要举措。

1.1 氨 氮 产 生

氨（ammonia），又称为氨气，其化学分子式为 NH_3，是一种无色气体，具有强烈的刺激性气味，极易溶于水。在常温常压下，1 体积水可溶解 700 倍体积的氨。氨在地球生物圈和岩石圈中具有重要地位，是大气中含量仅次于 N_2 和 N_2O 的第三大含氮气体，也是最丰富的碱性痕量气体之一。

氨的产生途径主要有两种：第一种是生物固氮作用。豆科植物具有与根瘤菌形成共生体的能力，这使得它们能够将大气中的氮气转化为氨，直接供给植物氮素营养。豆科植物的根系发达，能够从土壤深处吸收水分和养分，而根瘤菌的分泌物还能溶解土壤中的矿物质，包括铁、磷、钾、镁和钙等。豆科植物生命力顽强，常生长于贫瘠的土壤中，因此在自然界中具有先锋生物的地位。已知有 200 多种细菌属含有固氮菌株，其中与豆科植物共生的根瘤菌固氮效率最高。据联合国粮食及农业组织（Food and Agriculture Organization of the United Nations，FAO）2022 年统计，2022 年全球生物固氮量约为 2.0 亿 t，而豆科植物-根瘤菌共生固氮量占其中的 65%～70%。豆科植物所固定的氮可以满足其生长所需氮素营养的 50%～80%，甚至达到 100%。植物地下部分的含氮量占植株总氮量的 30%～35%，其残体分解后能有效提高土壤肥力。

目前，国际上种植最多的豆类为大豆和苜蓿。在美国的四大主要作物（棉花、大豆、小麦、苜蓿）中，有两种属于豆科，它们能充分利用豆科植物与根瘤菌形成的固氮体系。据统计，1997 年，美国豆科植物与根瘤菌共固定了 620 万 t 氮，占当年美国氮肥总消耗量的 55%以上。随着豆科种植业的发展，到 2002 年，美国化学氮肥的使用量已降至 1087 万 t 左右[1]。

澳大利亚在草地和农田引进了大量豆科牧草和作物，并进行了大量根瘤菌筛选研究。

豆科植物与根瘤菌固氮已成为澳大利亚农牧业的主要氮源。早在 1990 年，澳大利亚化学氮肥年消耗为 44 万 t，而豆科植物固定的氮肥却达到了 140 万 t，是化学氮肥消耗量的 3 倍以上。因此，澳大利亚正在计划种植包括苜蓿在内的永久草地，作为一种稳定的生物固氮途径。

发展中国家如阿根廷和巴西也在积极发展豆类种植。阿根廷的大豆种植面积从 1961 年的 980hm² 增长到 2003 年的 1242 万 hm²，单产达到 2801kg/hm²，居世界第一[2]。而巴西的大豆种植面积从 1961 年的 24 万 hm² 增长到 2004 年的 2147 万 hm²，总产量达到 4920.5 万 t，占世界总产量的 24.1%。经过反复验证，巴西证实，种植大豆时接种有效的根瘤菌剂，与施用 150kg/hm² 甚至 400kg/hm² 的氮肥相比，产量无显著差异，平均大豆单产为 2790kg/hm²（最高可达 4000kg/hm²）。因此，巴西种植大豆时不施用氮肥，只接种有效根瘤菌，大豆产量仅次于阿根廷，为世界第二。巴西这样做每年节约的氮肥价值达到 25 亿美元。为此，巴西已计划将生物固氮长期作为植物的氮源，并制订了豆科作物改良牧场的计划。在拉丁美洲，豆类与禾本科作物间作的种植也成为主要的生产体系。这些国家近些年来化学氮肥的消耗量逐年降低，有力地证明了在发展豆科植物的种植过程中接种相匹配的高效根瘤菌，可以减少化学氮肥用量并保持作物产量。

第二种是人工合成氨。氨能源协会（Ammonia Energy Association，AEA）的报告显示，目前全球每年生产约 2 亿 t 氨，其中约有 10%在国际市场上进行交易。令人关注的是，近乎 98%的氨生产所需原料来自化石燃料，其中又有 72%采用天然气作为主要原料[3]。天然气出口国论坛（Gas Exporting Countries Forum，GECF）的专家评论揭示了蓝色氨的巨大潜力和优势，将其视为未来清洁燃料的一个重要候选者。

近年来，全球尿素产量呈现稳步增长的趋势。2020 年，全球尿素产能约为 1.8 亿 t。到 2023 年，产量已增加至 1.955 亿 t，较一年增长 6%。2020 年，中国生产了全球约 37%的尿素。然而，近年来中国的尿素产量有所下降。根据国际肥料协会（International Fertilizer Association，IFA）的数据，中国的尿素产量从 2015 年的 8200 万 t 下降到 2019 年的 6780 万 t。鉴于全球尿素产量的增长和中国产量的下降，中国在全球尿素产量中的占比可能有所降低。总体而言，全球尿素产量近年来持续增长，中国在全球尿素生产中继续保持重要地位。

1.2 氨氮废水来源

根据《2020 年中国生态环境统计年报》[4]，全国废水中氨氮排放量为 98.4 万 t，其中工业源排放 2.1 万 t，农业源排放 25.4 万 t，生活源排放 70.7 万 t，集中式污染治理设施（含渗滤液）排放 0.2 万 t。全国废气中氮氧化物排放量为 1019.7 万 t，其中工业源排放 417.5 万 t，生活源排放 33.4 万 t，移动源排放 566.9 万 t，集中式污染治理设施排放 1.9 万 t。

氨氮（$NH_3\text{-}N$）在水中以游离氨（NH_3）和铵盐（NH_4^+）形式存在并保持一定的平衡。游离氨浓度的计算公式如下所示：

$$NH_3 + nH_2O \rightleftharpoons NH_3 \cdot nH_2O \rightleftharpoons NH_4^+ + OH^- + (n-1)H_2O \qquad (1.1)$$

$$[NH_3] = \frac{[TAN]}{1 + 10^{pK_a - pH}} \qquad (1.2)$$

$$pK_a = 0.09018 + \frac{2729.92}{273.2 + T} \qquad (1.3)$$

式中，$[NH_3]$表示游离氨的浓度，mg/L；$[TAN]$表示氨氮的浓度，mg/L；T表示水的温度，℃。

在酸性条件（低 pH）下，铵离子（NH_4^+）的浓度较高，而在碱性条件（高 pH）下，游离态氨（NH_3）的浓度较高。中性条件（pH 约为 7）下，两者的浓度大致相等。温度与氨氮平衡之间存在一定关系，温度升高会促使氨氮平衡向游离氨（NH_3）的方向移动，这是因为温度升高加快了氨氮从铵离子（NH_4^+）转化为游离氨的速率。含氮物质进入水环境主要包括自然过程和人类活动两个方面。其中自然过程主要包括降水降尘、非市区径流和生物固氮等。

人类活动是水环境中氮的重要来源，主要包括未处理或处理过的城市生活和工业废水、各种渗滤液和地表径流等。另外，人工合成的化学肥料是水体中氮营养元素的主要来源。大量未被农作物利用的氮化合物绝大部分被农田排水和地表径流带入地下水和地表水中。随着石油、化工、食品和制药等工业的发展及人民生活水平的不断提高，城市生活污水和垃圾渗滤液中氨氮的含量急剧上升。畜禽养殖废弃物以粪便、尿液以及冲洗水为主，此外还有少量的死畜禽和饲料残渣等，各类废弃物中均有丰富的氮元素。下面将对人类活动产生的氨氮废水做详细介绍。

1.2.1　城市生活污水

城市生活污水是指从家庭、公共设施（如餐馆、酒店、剧院、体育场馆、机构、学校、商店等）排放的水。在城市生活污水中，氮约占总污染物含量的 10%，其中有机氮约占总氮的 60%，无机氮约占总氮的 40%。城市生活污水中的氮含量相对稳定。随着城市化迅速发展，生活污水排放量迅速增加。生活水平的提高导致城市生活污水中各类化学物质含量升高，特别是生化需氧量（biochemical oxygen demand，BOD）、氨氮、磷、硝酸盐、悬浮固体、脂质等。

城市生活污水中的氨氮主要来自含氮有机物，如蛋白质、尿素、尿酸等经厌氧生物降解生成。具体地，蛋白质首先在蛋白质水解酶的作用下转化为多肽和二肽，然后在肽酶作用下继续转化为氨基酸，随后经过氧化脱氨、水解脱氨和还原脱氨等方式在微生物的作用下最终转化为小分子酸和氨氮。尿素可以在脲酶作用下迅速水解生成氨氮，而且尿酸可直接在微生物作用下生成氨氮或者先转化为黄嘌呤然后再降解生成氨氮。

考虑到城市生活污水的性质，在处理过程中可能会出现许多问题，具体而言，高钙含量的城市生活污水通过皂化反应将形成沉淀物，这些沉淀物与食品加工过程中产生的游离脂肪酸相结合，导致有机物质积聚进而堵塞废水输送管道。同时，脂肪酸和生物硫化物在管道内的积累也可能引起腐蚀问题。此外，尽管生物处理在现代污水处理工艺中占据主导地位，但城市生活污水中的碳氮比（C/N ratio）相对较低，抑制了微生物活动，导致处理过程中一系列问题的产生。

1.2.2　工业废水

工业废水或液体污染物是在工业过程中产生的，包含工业生产材料、中间产品、副产品和在生产过程中与水一起流失的污染物。不同的工业生产类型会形成不同浓度的氨氮废水。例如，炼钢时的焦化废水、炼油废水、化工废水、化肥废水以及垃圾渗滤液等含有高浓度氨氮。此外，这些排放物可能含有大量的难降解的有机化合物，具有复杂的组分，可能通过抑制微生物活性来降低传统处理效率。因此，在处理工业废水时通常需要有针对性的解决方案。特别是部分工业废水还含有一些金属元素和其他可回收物质，如果氨氮和这些物质能够同时得到处理和回收，对循环经济将是有益的。

1.2.3　畜禽养殖废水

养殖业和屠宰业在生产过程中产生的畜禽养殖废水，具有有机物含量高、氨氮含量高、毒性物质少、生物降解性好的特点，是重要的氨氮排放源。畜禽废水的污染物含量和水量与其地理位置、养殖规模、畜禽种类、饲料类型、粪便清理方法、气候和温度有关。畜禽养殖废水以猪粪废水为例，是一种典型的富含污染物的有机废水，污染物成分相对复杂，常伴有恶臭，并且难以处理。

畜禽养殖废水的主要特点如下：①有机污染物浓度高，排放量大。据中国相关数据，如果采用冲洗水作为主要粪便处理方法，1 万头规模的猪场产生的年污染负荷相当于一个人口为 10 万～15 万的城镇的年污染负荷。②组成复杂。猪粪废水中含有多种致病菌和重金属，如铜、汞、砷和硒等及导致水体富营养化的氮和磷；还含有许多兽药残留物，如激素、抗生素和抗氧化剂。③废水中的总固体含量较高，因为随着冲洗水一起排放的粪便和饲料残渣的有机悬浮固体导致固体、液体和大颗粒的混合物容易堵塞处理设施的管道，增加了处理的难度。④畜禽养殖废水因高 BOD/COD[①]而具有较好的生物降解性。猪粪废水的 BOD/COD 约为 0.45∶1，符合生物降解的条件，并表现出良好的生物降解性。此外，由于畜禽养殖场通常位于农业区，畜禽废水中氮和磷的回收可以与周围种植业的施肥完美结合，实现循环经济的目标，是当前的热点话题。

1.2.4　垃圾填埋场渗滤液

城市垃圾填埋是处理城市固体废物常用的解决方案。垃圾生物降解产生的水、废物及土壤保持的饱和水、废物本身的水，以及雨、雪和其他水都会进入填埋场形成垃圾渗滤液。在中国，全国生活垃圾清运量为 25407.8 万 t，其中 80%的废物被填埋处理。垃圾填埋场渗滤液表现出与一般城市生活废水不同的特性，具有高氨氮含量、高 COD、高盐度以及微生物的营养元素比例失衡等特点。新鲜垃圾填埋场渗滤液的生物降解性比成熟垃圾填埋场渗滤液好，且表现出较高的氨氮浓度，各种污染物的浓度远远高于城市生活废水。因此，垃圾填埋场渗滤液的处理非常困难，通常需要多种工艺的结合才能使其达到排放标准。然而，这种特性也使垃圾填埋场渗滤液在循环经济中有更多的应用可能性。

① chemical oxygen demand，化学需氧量。

1.3　氨氮的危害

氨是所有食物和肥料的重要成分，但越来越多含氮污染物的任意排放给环境造成了极大的危害。NH_3 是大气酸性成分的主要中和剂，可以和酸性气体反应形成铵盐从而增加大气中细颗粒物的浓度，影响全球辐射平衡，降低大气能见度，导致土壤酸化、湖泊富营养化、危害人体健康等，还会导致新粒子爆发。目前随着化肥、石油化工等行业的迅速发展壮大，由此而产生的高氨氮废水也成为行业发展的制约因素之一。据报道，2001年我国海域发生赤潮高达 77 次，氨氮是污染的重要因素，特别是高浓度氨氮废水造成的污染[5]。因此，氨氮对生态系统的影响越来越受到重视。

1.3.1　水体富营养化

水体富营养化是指在人类活动的影响下，生物所需的氮、磷等营养物质大量进入湖泊、河口、海湾等缓流水体，引起藻类及其他浮游生物迅速繁殖，水体溶解氧量下降，水质恶化，鱼类及其他生物大量死亡的现象。因占优势的浮游藻类的颜色不同，水面往往呈现蓝色、红色、棕色、乳白色等。这种现象在海洋中叫作赤潮或红潮。富营养化会影响水体的水质，造成水的透明度降低，阳光难以穿透水层，从而影响水中植物的光合作用；水中溶解氧减少，对水生动物有害，造成鱼类大量死亡。同时，富营养化的水体表面生长着以蓝藻、绿藻为优势种的大量水藻，形成一层"绿色浮渣"，致使底层堆积的有机物质在厌氧条件下分解产生有害气体，危害水生动物，并发散臭味。国际湖泊环境委员会发布的《全球典型湖泊生态环境状况》显示，北美洲约 48%的湖泊、南美洲约41%的湖泊、非洲约 28%的湖泊、欧洲约 53%的湖泊以及亚洲约 54%的湖泊受到富营养化的影响。我国湖泊、水库和江河富营养化的发展非常迅速。1978～1980 年大多数湖泊处于中营养状态，占调查面积的 91.8%，贫营养状态湖泊占 3.2%，富营养状态湖泊占 5.0%。短短 10 年间，贫营养状态湖泊大多向中营养状态湖泊湖泊过渡，贫营养状态湖泊所占评价面积比例从 3.2%迅速降低到 0.53%，中营养状态湖泊向富营养状态湖泊过渡，富营养化湖泊所占评价面积比例从 5.0%剧增到 55.01%。据《2020 中国生态环境状况公报》，我国监测的 112 个重要湖泊（水库）中，轻度富营养占 23.6%，中度富营养占 4.5%，重度富营养占 0.9%；地表水劣 V 类断面比例为 0.6%，辽河流域、海河流域轻度污染；湖泊（水库）劣 V 类比例为 5.4%；地下水中，劣 IV 类占 68.8%，V 类占17.6%（IV 类以下水质恶劣，不能作为饮用水源）[6]。

富营养水体作为供给水源时，会给制水厂带来一系列问题。首先是在夏日高温且藻类增殖旺盛的季节，过量的藻类会给过滤过程带来障碍，造成自来水厂过滤池的堵塞和过滤效率降低，需要改善或增加过滤措施。其次，富营养水体由于缺氧会产生硫化氢、甲烷和氨等有毒有害物质。同时水藻也产生一些有毒物质，在制水过程中引起饮用水水质下降，更增加了水处理的技术难度，加大了制水成本。这种富含铁的自来水往往会散发出一种令人不快的气味，同时还会在水管内形成铁锈，产生所谓的"红水"，使自来水完全丧失功能。目前，在西方国家，富营养水体已经被禁止作为饮用水源。

1.3.2　危害水生生物

正常情况下，水体中各种生物都处于相对平衡的状态，但一旦水体受到污染而出现富营养状态时，正常生态平衡就会被扰乱，某些种类的生物明显减少，而另外一些生物种类则显著增加，物种丰富度显著降低。这种生物种类演替会导致水生生物的稳定性和多样性下降，破坏其生态平衡。氨氮对水生物的危害主要是由游离 NH_3 引起的。NH_3 不带电荷，容易透过细胞膜的疏水性微孔进入机体，导致氨中毒。游离 NH_3 的毒性是铵盐的数倍，并随着碱性的增加而增强。氨氮的毒性与池水的 pH 和温度密切相关，一般来说，池水的 pH 和温度越高，毒性越大，对鱼类的危害与亚硝酸盐类似。

氨氮浓度是我国江、湖、河等自然水系以及养殖水体中主要的污染指标，对鱼类的存活、生长代谢、组织结构、生理和免疫功能等都有毒性效应。参照我国渔业水质标准，水体中氨氮浓度较低（≤0.2mg/L）时，对鱼类生长、繁殖等生命活动没有影响。氨氮含量过高不仅会引起水体富营养化，还会对水生生物产生毒害效应。这种毒害分为慢性中毒和急性中毒。慢性中毒表现为：鱼类摄食量降低，生长缓慢，组织损伤，氧在鱼体组织间的输送能力降低；急性中毒危害为：鱼类表现为亢奋，在水中丧失平衡，抽搐，严重时会造成死亡。

1.3.3　影响饮用水水质

目前，氨氮污染在我国饮用地表水中普遍存在。人畜粪便等含氮有机物污染天然水后，在有氧条件下经微生物分解形成氨氮。水中氨氮含量增高时，表示新近可能有人畜粪便污染。流经沼泽地带的地面水，氨氮含量也较多；地下水中的硝酸盐在厌氧微生物的作用下，还原成亚硝酸盐和氨，也可使氨氮浓度增加。氨氮通过氨的硝化过程可形成亚硝酸盐，并最终形成硝酸盐。一般可根据水体中氨氮、亚硝酸盐氮、硝酸盐氮含量变化判断水质污染状况。城市人口集中和城市污水处理相对滞后，工业生产事故以及农业生产大量使用化学肥料，使地表水体中的氨氮达到了较高的浓度。

根据 20 世纪 90 年代环境状况公报的统计，我国地表水环境污染状况堪忧，七大水系中仅长江、珠江情况较好，但水质有逐年下降的趋势，氨氮在地表水体超标污染物中出现频率非常高。氮在自然环境中存在一个循环过程，称"三氮"循环，即氨的硝化过程。氨的硝化过程指含氮有机物在有氧条件下经微生物作用分解成氨，再经亚硝酸菌作用生成亚硝酸盐，后者再经硝酸菌作用生成硝酸盐。

水中的氮主要以氨氮、硝酸盐氮、亚硝酸盐氮和有机氮几种形式存在。有机氮通过氧化和微生物活动可转化为氨氮，氨氮在好氧情况下又可被硝化细菌氧化成亚硝酸盐氮和硝酸盐氮。亚硝酸盐氮是氨硝化过程的中间产物，水中亚硝酸盐含量高，说明有机物的无机化过程尚未完成，污染危害仍然存在。硝酸盐氮是含氮有机物氧化分解的最终产物。水中硝酸盐除了来自地层外，还来源于生活污水和工业废水、施肥后的径流和渗透、大气中的硝酸盐沉降、土壤中有机物的生物降解等。根据水体中氨氮、亚硝酸盐氮、硝酸盐氮含量变化进行综合分析，可判断水质的污染状况，如水体中硝酸盐氮含量高，而氨氮、亚硝酸盐氮含量不高，表示该水体过去曾受有机物污染，现已完成自净过程；若氨氮、亚硝酸盐氮、硝酸盐氮均增高，提示该水体过去和新近均有污染，或过去受污染，目前自净正在进行。

水中氨氮浓度并非固定不变，而是可在多种氮的存在形式间互相转化。我国《地表水环境质量标准》（GB 3838—2002）的说明中指出了水中"三氮"出现的水质意义。根据原水中"三氮"出现情况的不同，水质呈现不同的污染特征，但只要水中有氨氮出现，则表示水体受到新的污染，水体自净尚未完成。对这样的原水，为了保证饮用水安全，自来水厂应该采取相应的水处理措施。

目前还没有关于饮用水中氨氮直接危害人体健康的报道，但在地表水体中如果存在较高含量的氨氮，能对水生生物造成毒害，毒害作用主要是由水中非离子氨（NH_3）造成的。由于存在氨的硝化过程，自来水中含高浓度的氨氮可能产生大量亚硝酸盐，危害人体健康。此外，高浓度氨氮可与氯发生反应，使水消毒剂的用量大大增加，并产生令人厌恶的气味。在我国多层建筑广泛采用的屋顶水箱中尤其容易产生这种健康隐患。屋顶水箱容易受到二次污染，也容易造成死水，自来水在水箱中停留较长时间后才被用户使用，结果可使水中亚硝酸盐氮浓度增高。国内曾有研究人员用含氨氮的自来水厂滤后水进行加氯贮放试验：试验水样（滤后水）含氨氮浓度 1.38mg/L，加氯后水中余氯浓度为 2.0mg/L，密闭贮存于 5L 棕色瓶内，并放置在室内环境中，检测水中余氯、氨氮和亚硝酸盐氮随时间的变化情况。试验期间水温从 25℃逐渐升高至 27℃。结果显示，在前 2 天内氨氮浓度稍有下降，这主要是氨氮同水中余氯反应的结果，第 5~8 天是硝化反应的高峰期，氨氮浓度迅速下降，同时亚硝酸盐氮浓度迅速升高，最高时达到约 0.7mg/L。

美国、欧盟和世界卫生组织（World Health Organization，WHO）所制定的饮用水标准，代表了目前世界的先进水平。由于常规处理难以去除氨氮，且西方国家近年水源保护较好，原水氨氮浓度不高，因此各国饮用水标准中对氨氮的限值规定有所不同。欧洲国家在饮用水标准中对氨氮设有限值，而美国、日本等国未作具体规定。我国颁布的《生活饮用水卫生标准》（GB 5749—2022），规定硝酸盐（以 N 计）的限值为 10mg/L。我国《生活饮用水水源水质标准》（CJ/T 3020—1993）将饮用水水源水质分为一、二两级，其中对原水氨氮即硝酸盐（以 N 计）的规定是：一级≤0.5mg/L，二级≤1.0mg/L。水质指标超过二级标准限值的水源水，不宜作为生活饮用水的水源。若限于条件需加以利用，应采用相应的净化工艺进行处理。

1.3.4　污染土壤

以生猪养殖为例，猪粪便中粗蛋白总量占粪便干重的 17.8%，猪尿中仅氨氮浓度（以 N 计）就高达 2173mg N/L，病死猪体内 13.2%是蛋白质。我国规模化畜禽养殖以猪、牛、鸡为主，其产生的废弃物量占比最大，表 1.1 列举了这三类畜禽粪便的理化指标。

表 1.1　猪、牛、鸡粪便部分理化指标

底物	TS/%	(TC/TS)/%	(TKN/TS)/%	(C/N)/%	NH_3-N 浓度/(mg N/L)
SM	30.1	36.8	2.7	13.6	—
SM	37.1	42.1	2.3	18.0	3052
SM	27.4	—	2.28	—	4000

底物	TS/%	(TC/TS)/%	(TKN/TS)/%	(C/N)/%	NH₃-N 浓度/(mg N/L)
SM	21.7	35.9	2.8	12.8	—
DM	15.0	52.0	2.3	22.4	—
DM	14.4	51.33	2.3	22.1	646
DM	21.6	—	2.98	—	1330
DM	16.9	46.9	1.9	25	—
CM	67.8	43.2	4.32	10	—
CM	49.6	43	4.8	8.9	—
CM	36~65	—	5.1~6.9	—	—
CM	44.3	—	5.76	—	3850

注：SM 表示猪粪；DM 表示牛粪；CM 表示鸡粪；TS 表示总固形物；TC 表示总碳；TKN 表示总凯氏氮。

从表 1.1 可知，猪粪、牛粪、鸡粪均含有丰富的凯氏氮，且鸡粪中总凯氏氮（total Kjeldahl nitrogen，TKN）的含量是猪粪或牛粪的 2 倍以上，但三者的 C/N 差异较大。这些含氮有机物，包含尿液中的尿素、尿酸、尿囊素等，在厌氧微生物的生化作用下，水解、酸化细菌产生的蛋白酶、肽酶、脱氨基酶、脱羧基酶，将以蛋白质为主的大分子含氮有机物逐渐降解并释放氨氮，由此产生的氨氮可由式（1.4）所示的化学计量关系求得

$$C_aH_bO_cN_d + \frac{4a+b-2c+7d}{4}H_2O \longrightarrow \frac{4a+b-2c-3d}{8}CH_4 + \frac{4a-b+2c-5d}{8}CO_2 + dHCO_3^- + dNH_4^+$$

（1.4）

尿素及游离氨基酸等小分子有机氮分别在脲酶和脱氨基酶作用下迅速水解释放形成初始的氨氮，这部分氮是微生物代谢、繁殖过程中最直接的氮源，还构成一定的碱性和缓冲体系，对厌氧消化有着一定的促进作用。然而，由于厌氧微生物细胞增殖缓慢，只有少量的氨氮用于细胞合成，因此在高含氮底物的厌氧消化体系中，随着有机氮的降解，氨氮浓度往往较高，对产甲烷过程有着潜在的不利影响。

1.4　研究目的及意义

氨氮是水体中氮的主要形态之一，其污染来源多且排放量大，是水体富营养化的重要因子之一。研究氨氮废水处理技术有助于减少水体污染，保护水资源和生态环境。高浓度氨氮废水（氨氮浓度≥500mg/L）通常采用吹脱法、汽提法将氨氮含量降低，而中低浓度氨氮废水对环境的影响也已引起了环保领域和全球范围的重视，各国对各种水体中氨氮含量提出了越来越严格的要求。例如，德国要求污水处理厂出水 80%的检测结果要达到无机氮的质量浓度小于 5mg/L，奥地利也有类似的要求。我国目前的氨氮排放标准体系中，除合成氨、肉类加工、钢铁工业等 12 个行业执行相应的国家行业标准（通常一级标准限值为 25mg/L）外，其他行业的氨氮排放标准主要依据国家环境保护局和国家技

术监督局发布的《污水综合排放标准》（GB 8978—1996）。该标准对医药原料药、染料、石油化工工业废水中氨氮的排放规定如下：一级排放标准限值为 15mg/L，二级排放标准限值为 50mg/L；其他排污单位的氨氮排放标准限值为一级 15mg/L、二级 25mg/L。地面水环境的氨氮标准执行《地表水环境质量标准》（GB 3838—2002），如Ⅰ类水体中氨氮≤0.15mg/L，Ⅴ类水体中氨氮≤2.0mg/L。如果氨氮超标的水体被用作饮用水源或农业灌溉水源，可能会对人类健康造成危害。通过有效处理氨氮废水，可以减少这些健康风险，保障人类健康。研究氨氮废水处理技术可以帮助企业满足这些法律法规的要求，避免受到处罚或法律纠纷。此外，氨氮是一种宝贵的资源，在废水中简单去除氨氮不仅会对环境造成负担，也是对资源的浪费。因此，氨氮废水处理技术有助于将废水中的氨氮转化为可再利用的物质，实现资源的回收利用。综上，研究氨氮废水处理的目的和意义在于保护环境、保障人类健康、实现资源回收利用以及满足法律法规的要求。

参 考 文 献

[1]　中国科学院. 科学时报：从源头控制化学氮肥污染环境 [Z].(2006-10-09).https://www.cas.cn/xw/cmsm/200610/t20061009_2696325.shtml.

[2]　中国农网. 阿根廷：免耕播种成就"大豆王国". 2020-09-27(2022-03-22). https://www.farmer.com.cn/2020/09/27/wap_99860079.html.

[3]　田瑞颖. 工艺除旧布新排放转危为"氨" [N].中国科学报, 2021-12-06(3).

[4]　中华人民共和国生态环境部. 2020 年中国生态环境统计年报. 2022.

[5]　张善发，王茜，关淳雅，等. 2001—2017 年中国近海水域赤潮发生规律及其影响因素[J]. 北京大学学报(自然科学版), 2020, 56(6): 1129-1140.

[6]　中华人民共和国生态环境部. 2020 中国生态环境状况公报. 2021.

第 2 章　高氨氮毒性及消减

2.1　氨氮对水生生物产生的毒性及其机理

氨氮是指水中存在的形式包括游离氨（NH_3）和铵离子（NH_4^+）。高浓度的氨氮对水生生物具有毒性作用，其毒性机理主要涉及氨氮对生物细胞内的酸碱平衡、细胞膜透过性和细胞内酶活性的影响。高浓度的氨氮会导致细胞内 pH 变化，破坏细胞膜的完整性，干扰细胞内酶的正常功能，从而导致细胞损伤和死亡。大量研究表明：NH_3-N 对鱼类的正常生活形成胁迫作用，抑制它们的生长。例如，Foss 等[1]证实了高浓度 NH_3-N 抑制比目鱼摄食导致生长受限。然而，有一些学者认为，NH_3-N 能促进鱼类的生长，如 Sun 等[2]通过实验发现了低浓度 NH_3-N 促进鳙鱼仔鱼的生长，并推测可能是因为仔鱼机体能够充分利用外界中 NH_3-N 提供的氮源。NH_3-N 对不同种类、不同时期的鱼类的影响有所不同。此外，NH_3-N 还会对鱼类的抗氧化系统产生不利影响。抗氧化系统是鱼抵御环境胁迫的第一道屏障，能够及时准确地反映出机体受到的损害，对鱼类适应外界环境起到重要作用[3]。研究表明，胚胎及孵化初期的仔鱼就已经形成了抗氧化系统，具备了清除体内氧化自由基和过氧化物的能力，然而长期暴露在 NH_3-N（安全浓度）环境下会影响黑鲫（*Carassius carassius*）抗氧化酶类［过氧化氢酶（CAT）和超氧化物歧化酶（SOD）］的活性和抗氧化物质［谷胱甘肽（GSH）］的含量[4]。NH_3-N 在影响鱼体抗氧化系统的同时，可引发机体的氧化应激，破坏机体的抗氧化系统，降低机体的免疫力，进而导致机体更易感染一些细菌性或寄生性疾病。

NH_3-N 还会对鱼类的能量代谢产生影响[5]。研究表明，NH_3-N 能够抑制三磷酸腺苷（adenosine triphosphate，ATP）产生，并能耗尽脑部的 ATP，因为氨氮能够通过激活 *N*-甲基-D-天门冬氨酸（N-methyl-D-aspartate，NMDA）受体，减少对 Na、K 磷酰化过程中起主要作用的蛋白激酶 C[6]。也有研究证实，NH_3-N 能够影响机体的渗透压平衡，进而对其肝脏和肾脏造成紊乱并影响鱼体内的糖酵解，抑制三羧酸循环并减弱血液的携氧能力。随着 NH_3-N 进入鱼体内，组织中氨浓度的升高，会抑制机体蛋白质分解和氨基酸水解以降低体内氨的含量。与此同时，磷酸果糖激酶被激活，进而影响糖酵解过程，增加败血症风险，进而降低血液的携氧能力。NH_3-N 还可以诱导鱼类组织发生病变[7]。例如，Benli 等[8]通过慢性（6 周）暴露实验发现 NH_3-N 能够诱发罗非鱼的鳃组织充血、肝组织肿胀、肾炎等病变。Miron 等[9]也通过急性试验表明：短时间（96h）的 NH_3-N 暴露能够促使鲶鱼的鳃组织发生病变。这一研究表明 NH_3-N 对鱼类的危害性很大，能够影响机体内的抗氧化系统的平衡，并在短时间内诱导机体发生病变。NH_3-N 对神经系统也具有毒性作用。NH_3-N 进入血液后会转换成铵离子（NH_4^+），可通过替代 K^+激活 NMDA 谷氨酸受体，导致过多的 Ca^{2+}流失，最终导致神经细胞死亡。不同种类的水生生物对氨氮的敏感性不同，有些种类对氨氮相对较为耐受，而有些种类对氨氮非常敏感。因此，在水环境管理和保护中，监测和控制水体中的氨氮浓度非常重要，以避免对水生生物造成严重的毒性影响。

2.2　氨氮对厌氧微生物的毒性及机理

2.2.1　氨氮抑制厌氧发酵过程机理

氨氮是厌氧发酵微生物的营养物质，并可为厌氧体系提供一定的碱度，但当氨氮浓度超过一定值后就会对整个厌氧发酵系统产生抑制作用。在厌氧发酵过程中，产甲烷菌比水解和产酸细菌更容易受到外界环境的影响。氨氮对于厌氧发酵系统的抑制也主要是通过对产甲烷菌活性的抑制，从而导致厌氧发酵系统微生物代谢的失衡。已有研究结果表明，当氨氮浓度大于 1800mg/L 时，在所有的产甲烷菌中，广古菌门（Euryarchaeota）受影响最大，且最先受到抑制。研究发现氨抑制后常伴随有机酸的积累，这主要是氨氮抑制产甲烷菌的代谢活性，尤其是乙酸型产甲烷菌，这就导致厌氧系统中乙酸产生累积[10]。

目前关于氨氮抑制产甲烷菌的机理尚不清晰，纯培养研究结果表明，氨氮对产甲烷菌的抑制可能通过以下两种方式（图 2.1）：①游离氨（NH_3）通过被动扩散进入细胞引起细胞质酸化、质子失衡及 K^+ 的流失。一部分游离氨（NH_3）进入菌体细胞后与 H^+ 结合生成 NH_4^+ 而引起胞内 pH 改变。此时微生物为保持细胞内外电荷平衡，通过钾泵主动运输作用排出 K^+，导致胞内 K^+ 缺乏[11]。②铵盐（NH_4^+）直接抑制了甲烷合成酶的活性[12]。但与铵盐（NH_4^+）相比，游离氨（NH_3）具有更强的细胞膜渗透性，因此对厌氧生物的毒性更大。在中温和高温条件下，游离氨浓度分别为 215mg/L 和 468mg/L 时抑制 50%产甲烷量，铵盐浓度分别为 3860mg/L 和 5600mg/L 时抑制 50%产甲烷量，表明相同浓度下游离氨（NH_3）对产甲烷菌的抑制作用更强。

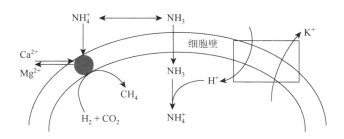

图 2.1　氨氮对产甲烷菌的抑制机理

2.2.2　影响氨氮对微生物毒性的重要因素

（1）氨氮浓度。

氨氮浓度是影响厌氧发酵的主要因素之一。一般认为，氨氮浓度为 50～200mg/L 对厌氧发酵有利。然而由于厌氧发酵过程受基质、接种剂、温度、pH 和驯化时间等多种因素影响，目前国内外学者对于氨氮的抑制浓度尚未形成统一的结论，甚至有些研究成果出现显著差异。Chen 等指出氨氮浓度为 1700～14000mg/L 时均可能将产甲烷量降低 50%[13]。在嗜热条件下，当总氨氮浓度为 1000mg/L（游离氨浓度为 60mg/L）且消化池 pH≥7.5 时，甲烷产量下降。另一项研究表明，在中温条件下，当氨氮浓度为 680mg/L（游离氨浓度为 26.5mg/L）时，最大产甲烷活性不受影响；当氨氮浓度增加到 1600mg/L（游离氨浓度为 60.3mg/L）时，产甲烷率下降到 75%左右，且随时间延长进一步下降，氨氮浓度也继续升高。当氨氮浓度达到 4275mg/L 时，沼气产量降低了约 10%；进一步将氨氮水平提高到 4835mg/L 和 10000mg/L，沼气产量分别降低 27%和 50%。已有研究表明，在不同氨氮浓度和 pH 下，仅以游离氨浓度为抑制剂因子不能准确描述观察到的抑制作用，还需要同时考虑铵盐的影响。当 pH 为 7.3～7.7 且氨氮浓度大于 2000mg/L 时，游离氨和铵盐均对系统的抑制作用有显著贡献。当氨氮浓度为 1890.87mg/L 时可以刺激餐厨垃圾产生更多的甲烷，而当氨氮浓度增加到 3390.87mg/L 时系统的产气量会降低一半。

（2）pH。

pH 不仅会对氨氮中游离氨的含量产生较大影响，也会对厌氧发酵微生物的生长产生影响。游离氨受 pH 影响较大，在 30℃状态下，当 pH 为 7 时，游离氨占氨氮的 0.80%；当 pH 升高到 8 时，游离氨占氨氮的 7.46%，表明 pH 升高会很大程度影响游离氨的含量，从而对产甲烷菌的活性产生影响。有研究在高温厌氧消化牛粪的过程中将 pH 从 7.5 调至 7.0，发现甲烷产量提高了 4 倍。pH 变化会导致菌群结构改变，挥发性有机酸会因氨抑制而积聚，并且当高氨组胞内 pH＜4.3 时，比低氨组能激活更多的质子泵抑制剂。当氨氮浓度在 5000～7500mg/L 时，必须考虑 pH 和氨氮的联合作用对氨抑制和累积沼气生产的影响。例如当氨氮浓度为 7500mg/L 时，初乳碱性蛋白（colostrum basic protein，CBP）的降低百分比在 pH 为 7.5 时是 42.2%，在 pH 为 8.5 时是 76.5%。

（3）温度。

温度和 pH 一样，都会对氨氮中游离氨的含量和厌氧发酵细菌的活性产生影响。同一氨氮浓度和 pH 条件下，游离氨的含量随温度的升高而增加。当氨氮浓度为 5000mg/L、pH 为 7 时，温度分别为 30℃、40℃、50℃和 60℃时，游离氨的浓度分别为 39.96mg/L、76.88mg/L、141.19mg/L 和 247.57mg/L，游离氨的浓度随着温度的升高而快速上升，由此可见温度也是影响氨氮抑制作用的主要因素之一。一般来说，微生物代谢速率会随着温度的上升而提高，因此高温厌氧消化的效率更高、固液溶解更快、有机物转化更充分。但是，温度的上升亦会引起游离氨浓度的增加。相同 pH 条件下，高温（55℃）时游离氨的浓度是中温时游离氨浓度的 6 倍多。当反应温度由 60℃降至 37℃时，氨氮抑制减缓，同时沼气产量得到了提高。

（4）离子强度。

Na^+、Ca^{2+} 和 Mg^{2+} 等离子对氨氮抑制存在拮抗作用，可以削弱厌氧发酵系统中氨氮的抑制作用。此外，添加某些微量元素（如 Fe、Co 和 Se 等），也有利于提高厌氧发酵系统对氨氮的耐受阈值。

近年来，针对微量元素在厌氧发酵中的重要性开展了大量研究，发现 Fe、Ni、Co、Mo 等微量元素的添加对玉米秸秆、餐厨垃圾、小麦秸秆等多种原料的厌氧发酵产气特性都有改善作用。微量元素 Fe、Co、Ni 等能够促进产甲烷菌的生长和激活酶的活性，而且能够拮抗氨氮的抑制作用，进一步维持厌氧发酵的稳定运行。甲烷菌所需的微量金属元素 Fe[1.0mg/(L·d)]、Co[0.1mg/(L·d)]和 Ni[0.2mg/(L·d)]对氨氮的拮抗作用随着氨氮浓度的升高而越发明显。屠宰场垃圾厌氧消化研究发现，投加 2.5g/t Ni、3.5g/t Co、0.6g/t Mo 和 0.05g/t Se 时系统的厌氧消化效果最佳。

2.3　氨抑制效应的消减

氨氮抑制通常是由厌氧发酵装置的运行条件不良引起的，首先导致产甲烷菌活性受到抑制，并出现有机酸积累，最后出现严重氨抑制现象。因此，通过合理地控制反应 pH、反应温度和添加微量元素等方式可以提高厌氧发酵系统稳定性。氨氮抑制效应的消减目前主要采取氨吹脱、微生物固定化和微生物菌群驯化等措施。

2.3.1　氨吹脱

高浓度氨氮废水可以采用氨吹脱的方式进行预处理，从而降低后端厌氧系统微生物的氨氮负荷。氨吹脱主要利用氨氮实际浓度与平衡浓度之间存在的差异实现。在吹脱过程中不断排出气体，降低了气相中的氨氮浓度，从而使氨氮在气液两相始终存在浓度差，这样液相中高浓度的氨氮不断穿过气液界面进入气相，液相中的氨氮得以脱除，从而降低其浓度。厌氧发酵系统中，氨吹脱一般适合于处理氨氮占总氮比例较高的废水（如鸡粪、猪粪废水），对于养猪场废水中的氨氮一般采用碱性 pH 汽提法去除。当使用 NaOH 和 KOH 时，甲烷产量比对照（无氨吹脱）提高了 2 倍以上，但是 Na^+ 和 K^+ 对微生物产生了毒性作用。相比之下，采用石灰提高 pH 后甲烷的产量和产速明显比 NaOH 和 KOH 处理组更高，毒性试验结果也证实 Na^+ 和 K^+ 对产甲烷菌的抑制作用强于 Ca^{2+}。

2.3.2　微生物固定化

利用黏土、碳纤维等填料对微生物进行固定化，可以有效提高厌氧发酵系统对氨氮的耐受阈值并提高反应器运行稳定性。将厌氧菌固定在碳毡上，通过实时聚合酶链式反应（polymerase chain reaction，PCR）分析发现，固定化的产甲烷菌和细菌的细胞密度均高于原厌氧消化污泥中游离的产甲烷菌和细菌的细胞密度。碳纤维纺织品由于其表面疏水性及多孔特性，是一种有效的微生物固定支撑材料，并有助于提高系统对氨氮的耐受性。Sasaki 等[14]发现未添加碳纤维纺织品时，氨氮浓度达到 1500mg/L 就会降低系统中有机化合物的去除率，而添加碳纤维纺织品后，氨氮浓度在 3000mg/L 时系统仍可正常运行，碳纤维纺织品不仅能减缓氨氮抑制，而且能够促进嗜乙酸产甲烷菌稳定地繁殖。Wang 等[15]采用斑状安山岩（wheat-rice-stone，WRS）作为氨吸附剂和床材，对含氨猪粪进行厌氧消化实验研究。通过改性 WRS、天然 WRS、氯化钙和不添加添加剂的生物反应器的性能对比实验表明：改性 WRS 反应器性能最佳，在 35℃条件下，甲烷产率可达 359.71mL/g，挥发性固体改造后的 WRS 表面生长着大量微生物，在增强产甲烷菌多样性的同时提高了厌氧系统的耐毒能力。Wang 等[16]采用固定式沸石生物反应器处理含氨猪粪（氨氮浓度为 3770mg/L），分别以凹型沸石生物反应器和无沸石生物反应器作为对照，研究表明添加沸石后显著缩短了启动时间，将甲烷产气量提高了两倍以上，COD 去除效率也更高。沸石通过有效的氨吸附和微生物固定作用，降低了高浓度氨氮对厌氧消化过程中微生物的抑制作用。

2.3.3 微生物菌群驯化

微生物菌群驯化是提高微生物对外界条件变化适应性的有效途径。不同接种微生物对氨氮耐受程度不同，但通过驯化可以有效提高厌氧微生物对氨氮的耐受性。通常未经驯化的微生物在 1.7～1.8g/L 的氨氮浓度下就可能因氨氮抑制导致厌氧消化系统不能正常运行，而经过高浓度氨氮驯化后的接种污泥则在更高浓度下才会遭遇氨氮抑制。例如，针对合成城市固体废弃物中有机组分的厌氧发酵抑制作用研究发现，通过逐渐增加氨氮的负荷，中温细菌可以适应高达 5000mg/L 的氨氮浓度[17]。氨氮对牛粪产甲烷的抑制作用实验表明，对未适应高氨氮浓度的高温和中温发酵体系，抑制始于氨氮浓度约为 2.5gN/L 时，而对已适应氨氮浓度在 1.4～3.3gN/L 的高温发酵剂，抑制始于氨氮浓度约为 4gN/L，进一步说明通过驯化确实可以提高厌氧微生物对氨氮的耐受性。另外，氨氮和乙酸浓度对产甲烷途径和甲烷菌群落结构影响实验表明，未驯化培养物的中温和高温甲烷球菌对氨氮的耐受阈值为 5000mg/L，而驯化后甲烷菌对氨氮的耐受阈值可达到 7000mg/L[18]。

参 考 文 献

[1] Foss A, Evensen T H, Vollen T, et al. Effects of chronic ammonia exposure on growth and food conversion efficiency in juvenile spotted wolffish[J]. Aquaculture, 2003, 228(1/2/3/4): 215-224.

[2] Sun H J, Kai L, Minter E J A, et al. Combined effects of ammonia and microcystin on survival, growth, antioxidant responses, and lipid peroxidation of bighead carp Hypophthalmythys nobilis larvae[J]. Journal of Hazardous Materials, 2012, 221: 213-219.

[3] Sun H J, Yang W, Chen Y F, et al. Effect of purified microcystin on oxidative stress of silver carp Hypophthalmichthys molitrix larvae under different ammonia concentrations[J]. Biochemical Systematics and Ecology, 2011, 39(4/5/6): 536-543.

[4] Yang, Sun, Xiang, et al. Response of juvenile crucian carp(Carassius auratus)to long-term ammonia exposure: Feeding, growth, and antioxidant defenses[J]. Journal of Freshwater Ecology, 2011, 26(4): 563-570.

[5] Yang W, Xiang F H, Sun H J, et al. Changes in the selected hematological parameters and gill Na^+/K^+ATPase activity of juvenile crucian carp Carassius auratus during elevated ammonia exposure and the post-exposure recovery[J]. Biochemical Systematics and Ecology, 2010, 38(4): 557-562.

[6] Kosenko E, Kaminsky Y, Grau E, et al. Brain ATP depletion induced by acute ammonia intoxication in rats is mediated by activation of the NMDA receptor and Na^+, K^+-ATPase[J]. Journal of Neurochemistry, 1994, 63(6): 2172-2178.

[7] Vogelbein W K, Shields J D, Haas L W, et al. Skin ulcers in estuarine fishes: A comparative pathological evaluation of wild and laboratory-exposed fish[J]. Environmental Health Perspectives, 2001, 109(S5): 687-693.

[8] Benli A C K, Köksal G, Ayhan Ö. Sublethal ammonia exposure of Nile Tilapia(Oreochromis niloticus L.): Effects on gill, liver and kidney histology[J]. Chemosphere, 2008, 72(9): 1355-1358.

[9] Miron D D S, Moraes B, Becker A G, et al. Ammonia and pH effects on some metabolic parameters and gill histology of silver catfish, Rhamdia quelen(Heptapteridae)[J]. Aquaculture, 2008, 277(3/4): 192-196.

[10] Yenigün O, Demirel B. Ammonia inhibition in anaerobic digestion: A review[J]. Process Biochemistry, 2013, 48(5/6): 901-911.

[11] Yang L C, Xu F Q, Ge X M, et al. Challenges and strategies for solid-state anaerobic digestion of lignocellulosic biomass[J].

Renewable and Sustainable Energy Reviews, 2015, 44: 824-834.

[12]　Gallert C, Bauer S, Winter J. Effect of ammonia on the anaerobic degradation of protein by a mesophilic and thermophilic biowaste population[J]. Applied Microbiology and Biotechnology, 1998, 50(4): 495-501.

[13]　Chen H, Wang W, Xue L N, et al. Effects of ammonia on anaerobic digestion of food waste: Process performance and microbial community[J]. Energy & Fuels, 2016, 30(7): 5749-5757.

[14]　Sasaki K, Morita M, Hirano S I, et al. Decreasing ammonia inhibition in thermophilic methanogenic bioreactors using carbon fiber textiles[J]. Applied Microbiology and Biotechnology, 2011, 90(4): 1555-1561.

[15]　Wang Q H, Yang Y N, Li D W, et al. Treatment of ammonium-rich swine waste in modified porphyritic andesite fixed-bed anaerobic bioreactor[J]. Bioresource Technology, 2012, 111: 70-75.

[16]　Wang Q H, Yang Y N, Yu C, et al. Study on a fixed zeolite bioreactor for anaerobic digestion of ammonium-rich swine wastes[J]. Bioresource Technology, 2011, 102(14): 7064-7068.

[17]　Akindele A A, Sartaj M. The toxicity effects of ammonia on anaerobic digestion of organic fraction of municipal solid waste[J]. Waste Management, 2018, 71: 757-766.

[18]　Wang H, Fotidis I A, Yan Q, et al. Feeding strategies of continuous biomethanation processes during increasing organic loading with lipids or glucose for avoiding potential inhibition[J]. Bioresource Technology, 2021, 327: 124812.

第 3 章　吹脱技术处理高氨氮废水

吹脱法是利用 NH_3 等挥发性物质的实际浓度与平衡浓度之间存在的差异，将废水 pH 调节至碱性，以空气作为载体，通入吹脱塔中，在气液相中充分接触后，溶解于废水中的气体与 NH_3 由液相穿过气液相界面进入气相，从而达到脱除氨氮的目的。为避免 NH_3 的二次污染，吹脱一般在塔式设备中进行：废水从塔顶向下流动，气体从塔底向上逆向流动，在气-液 NH_3 分压差的推动下，水中的 NH_4^+ 不断以 NH_3 的形式向气相转移，同时在塔顶设置 NH_3 吸收装置，水中的 NH_4^+ 便可以回收再利用。多年来，研究人员开发了多种氨吹脱工艺，以克服传统技术的缺点。本章重点介绍氨吹脱工艺处理工业废水的最新进展，总结其在高氨氮废水中的应用以及重要的操作参数，讨论实际应用中的问题，并展望该技术的未来发展方向。

3.1　吹脱工艺原理

氨吹脱工艺基于传质原理，将废水中存在的氨转化为气态氨。具体地，氨在废水中以铵离子和氨气两种形式存在，其相对浓度受废水 pH 和温度影响。由于高效的氨吹脱需要高 pH 环境，通过升高 pH 有利于氨气形成，如在氨吹脱前使用石灰来提高废水的 pH。图 3.1 为石灰沉淀工艺及氨吹脱工艺的示意图：在吹脱前加入石灰提高进水的 pH，然后通过再碳酸化过程以进行中和。除了提高废水 pH 外，氧化钙（石灰）还在废水中产生碳酸钙作为颗粒物质的凝结剂。例如，O'Farell 等[1]和 Arashiro[2]发现这种吹脱法可以从二级流出物中去除高达 90%的氨。

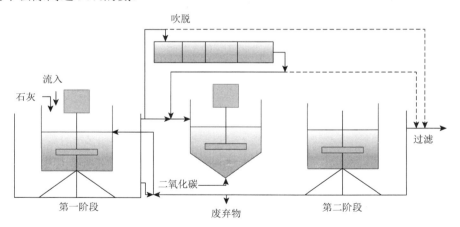

图 3.1　石灰沉淀工艺及氨吹脱工艺示意图

图 3.2 为 Urbini 等[3]利用氨吹脱技术修复被渗滤液污染的地下水的工艺示意图。该研究中，在 pH 高于 11 的条件下，添加了 Na_2SO_4、NaOH 和 $FeCl_3$ 用于混凝-絮凝和沉淀。

该系统还包括一个加热器将废水加热到 38℃，并通过硫酸吸收氨，最后加入硫酸中和。结果发现，当初始氨浓度为 199.0mg/L 时，氨去除效率可达 95.4%。

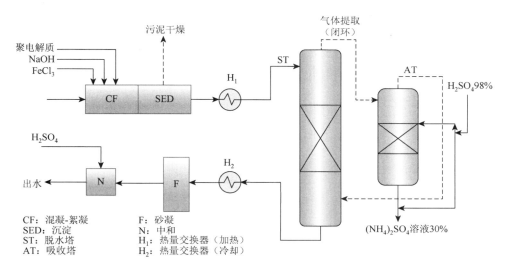

图 3.2   渗滤液污染地下水的氨吹脱工艺示意图

此外，Saracco 和 Genon[4]研究发现，在对工业废水进行氨吹脱处理时，只有当废水温度和氨浓度相对较高时，图 3.3 所示工艺路线才是可行的。

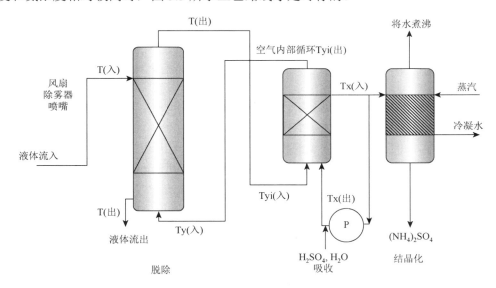

图 3.3   工业废水空气氨吹脱装置

3.2   铵氨转化的化学平衡

为了有效地去除废水中的氨氮，需促使大部分氨氮以 NH_3 的形式存在。NH_3/NH_4^+ 的比值取决于 pH 和温度。因此，可通过加入碱（如氢氧化钠）去除二氧化碳，或提高温度来增大该比值。

3.2.1 酸碱平衡

酸度常数 K_a 又称为酸的解离常数。化合物 i 的活性可以通过将其浓度 C_i 与相应的活度系数 $f_{a,i}$ 相乘来计算。以下方程描述了 NH_4^+/NH_3 和 CO_2/HCO_3^- 的酸碱平衡：

$$NH_4^+ \rightleftharpoons NH_3 + H^+ \tag{3.1}$$

$$K_{a,NH_4^+} = \frac{f_{a,NH_3} C_{NH_3} \times 10^{-pH}}{f_{a,NH_4^+} C_{NH_4^+}} = 5.0 \times 10^{-10} e^{0.07(T-298)} \tag{3.2}$$

$$H_2O + CO_2 \rightleftharpoons H^+ + HCO_3^- \tag{3.3}$$

$$K_{a,CO_2} = \frac{f_{a,HCO_3^-} C_{HCO_3^-} \times 10^{-pH}}{f_{a,CO_2} C_{CO_2}} = 4.5 \times 10^{-7} e^{0.08(T-298)} \tag{3.4}$$

式中，K_{a,NH_4^+} 和 K_{a,CO_2} 的单位是 mol/L；温度 T 的单位是 K。质子的活度系数近似等于 10^{-pH}，pH 电极可直接测量质子的活度系数。由于 K_a 值很小，通常以负对数形式给出。

$$pK_a = -\lg K_a \tag{3.5}$$

活度系数取决于化合物的电荷，离子的活度系数小于 1。例如，在厌氧消化上清液、黑水和贮存尿液等溶液中，当离子强度升高时，活度系数会减小。对于离子强度 $I < 0.5 \text{mol/L}$ 的溶液，可通过戴维斯（Davies）方程计算离子活度系数。

$$\lg f_{a,i} = -0.5 z_i^2 \left(\frac{\sqrt{I}}{1+\sqrt{I}} - 0.2I \right) \tag{3.6}$$

$$I = 0.5 \sum C_i z_i^2 \tag{3.7}$$

式中，I 是离子强度，mol/L；z_i 是离子 i 的电荷数。

对于未带电的挥发性化合物如 NH_3 和 CO_2，其活度系数通常大于 1，并随着离子强度的增加而增大。然而，离子强度的影响相对较小，因此通常假定在废水中未带电的化合物的活度系数为 1。若需更精确的计算，特别是在 $I > 0.5 \text{mol/L}$ 的离子强度下，需要更复杂的模型，例如皮策（Pitzer）理论。离子强度以不同的方式影响化学平衡（表 3.1）。为了简化配位计算，在特定离子强度下，可以使用条件酸度常数 K'（及其负对数 pK'）。唯一的例外是质子：出于实际原因，仍使用 10^{-pH} 作为质子的活度系数。以下示例显示了当已知活度系数时如何从 K_a 值导出 K' 的方法。

表 3.1　298K 下 NH_4^+ 和 CO_2 的酸度常数（pK_a）及在不同离子强度下的条件酸度常数（pK_a'）

反应公式	pK_a	pK_a'	
		$I = 0.1\text{mol/L}$	$I = 0.4\text{mol/L}$
$NH_4^+ \rightleftharpoons NH_3 + H^+$	9.3	9.4	9.45
$H_2O + CO_2 \rightleftharpoons H^+ + HCO_3^-$	6.35	6.25	6.2

$$K'_{a,\,NH_4^+} = K_{a,\,NH_4^+} \cdot \frac{f_{a,\,NH_4^+}}{f_{a,\,NH_3}} \qquad (3.8)$$

图 3.4 显示，NH_4^+/NH_3 平衡比 CO_2/HCO_3^- 平衡具有更强的温度依赖性。研究发现，仅通过提高温度，NH_3 的比例就会显著增加（图 3.5）。因此，可以在较低的 pH 下高效分离氨且无须添加太多碱。

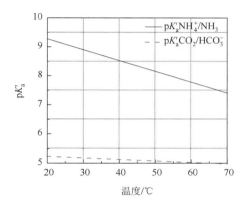

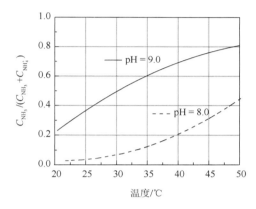

图 3.4　NH_4^+ 和 CO_2 的条件酸度常数 pK'_a 与温度的关系（$I = 0.1\sim0.4$mol/L）

图 3.5　pH 分别为 8.0 和 9.0 时，温度对 NH_3 比例的影响

3.2.2　气体交换平衡

亨利常数 H 描述了在热力学平衡时挥发性化合物在气相和水相之间的分布。如果已知化合物的分压，可以根据以下关系计算水相中的平衡浓度：

$$H_i^C = \frac{p_i}{f_{a,i} C_i} \approx \frac{p_i}{C_i} \qquad (3.9)$$

式中，p_i 是化合物 i 的分压；C_i 是水相中化合物 i 的浓度；H_i^C 是基于水相浓度的亨利常数，Pa·L/mol。亨利常数 H_i 在气体分离的质量平衡中至关重要：

$$H_i = \frac{p_i}{R \cdot T} \cdot \frac{1}{C_i} = \frac{H_i^C}{R \cdot T} \approx \frac{C_{i,\,gass}}{C_i} \qquad (3.10)$$

如上文所述，气体的活度系数在低强度废水中被假设为 1，但可以通过活度系数模型计算更准确的值。

温度对亨利常数的影响可以采用范托夫定律（van't Hoff law）进行估算：

$$H_{i,\,T_1} = H_{i,\,T_2} \cdot e^{\frac{\Delta H_{diss}^0}{R}\left(\frac{1}{T_2} - \frac{1}{T_1}\right)} \qquad (3.11)$$

式中，ΔH_{diss}^0 表示化合物 i 在水中溶解的标准焓变化，J/mol；R 是摩尔气体常数，其值为

8.314J/(K·mol)，T 表示温度，K。根据以下方程式可以计算在废水处理中常见温度下 NH_3 和 CO_2 的亨利常数：

$$H_{NH_3,T} = 0.0006e^{4340\left(\frac{1}{293}-\frac{1}{T}\right)} \tag{3.12}$$

$$H_{CO_2,T} = 1.1e^{2400\left(\frac{1}{293}-\frac{1}{T}\right)} \tag{3.13}$$

CO_2 的挥发性大约是 NH_3 的 1000 倍（图 3.6），因此可以在第一个脱附柱中优先脱除 CO_2，而不损失大量的 NH_3。脱除 CO_2 可提高水相 pH，有助于减少将 NH_4^+ 转化为 NH_3 所需的碱量。

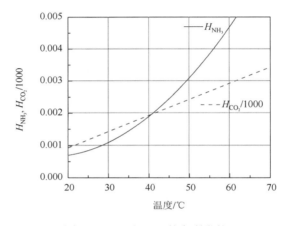

图 3.6　NH_3 和 CO_2 的亨利常数

3.3　影响氨吹脱的主要因素

大量研究强调了不同操作参数对氨吹脱工艺性能的影响，其中最重要的参数是温度、pH 和气水比。

3.3.1　温度

温度对吹脱塔性能有着重要的影响，因为氨在水中的溶解度是由亨利定律决定的。在亨利定律中，气体溶解度依赖于溶质、溶剂和温度，如 Campos 等[5]发现，在 60℃下 7h 内从垃圾渗滤液中去除氨的效果比在 25℃下更显著。通常，在较高温度下可以获得较高的氨去除效率。吹脱温度为 80℃时的氨吹脱塔成本比 40℃时的低一半。然而，从经济角度来看，温度的升高可能导致预热成本的上升。

3.3.2　pH

根据以下反应，水中的氨氮以分子氨（NH_3）和离子铵（NH_4^+）之间的平衡形式存在：

$$NH_3 + H_2O \Longleftrightarrow NH_4^+ + OH^- \tag{3.14}$$

分子氨和离子铵在水中的分布可以由式（3.15）和式（3.16）定义：

$$[NH_3] = \frac{\left[NH_3 + NH_4^+\right]}{1 + [H^+]/K_a} \quad (3.15)$$

$$pK_a = 4 \times 10^{-8} T^3 + 9 \times 10^{-5} T^2 + 0.0356T + 10.072 \quad (3.16)$$

式中，$[NH_3]$为分子氨浓度；$\left[NH_3 + NH_4^+\right]$为总氨浓度；$[H^+]$为氢离子浓度；$K_a$为酸电离常数。除此之外，$pK_a$可以表示为温度的函数。较高的 pH 有利于氨气的形成，而较低的 pH 有利于铵离子的形成。因此，在氨吹脱之前提高废水的 pH 水平对于促进分子氨的形成至关重要。然而，pH 过度升高会造成石灰消耗成本增加，因此需要一个最佳的 pH 以达到工艺效率和经济成本之间的平衡。当 pH 超过 10.5 时，pH 不再影响分子氨和离子铵之间的电离平衡，去除效率提高不显著，但会显著增加石灰的消耗成本[6]。同时，Markou 等[7]发现所用碱的类型（氢氧化钾、氢氧化钠和氢氧化钙）对氨去除效率的影响不显著。然而，由于氢氧化钙可减少废水中的固体含量、重金属浓度和颜色，因此在实际应用中是优选。

3.3.3 气水比

气水比是影响水中氨氮去除率的重要参数之一。氨向空气中的传质受液态氨浓度水平和空气相氨浓度水平之间的差异影响。Lei 等[8]发现，厌氧流出物的氨吹脱效率受空气与水比例的影响。研究发现，与 3L/min 和 5L/min 的气流速率相比，10L/min 的气流速率在 12h 后实现了更高的氨去除率。然而，从工程角度来看，对于 1L 厌氧废水，5L/min 是一个可行的选择，因为与 5L/min 相比，使用 10L/min 气流速率的方法成本较高，且去除效率仅提升 5%。Campos 等[5]揭示，在较高温度下空气与水的比例对氨吹脱性能的影响不太显著，例如，在 60℃下，当气流速率为 73L/h 和 120L/h 时，氨去除率均超过 91%。

3.4 吹脱技术的应用

3.4.1 吹脱技术去除厌氧消化液中的氨

氨吹脱为厌氧消化提供了经济和环境优势。在厌氧消化中使用吹脱法可防止对产甲烷过程的抑制。最常见的过程是使用沼气进行氨吹脱，然后在酸中吸附氨。填料柱用于增加水与空气的接触界面。在脱附器中，沼气和消化池上清液以相反的方向流动，以最大程度地脱除氨气（图 3.7）。消化池液体需被加热，并加入 NaOH 以将酸碱平衡向 NH_3 方向偏移。富含氨的沼气被转移到吸附柱中，被高浓度的 H_2SO_4 吸附。由于 pH 较低，所有吸附的 NH_3 立即转化为 NH_4^+，最终生成含有约 10%$(NH_4)_2SO_4$ 和 pH 约为 5 的硫酸铵溶液。为了尽可能地减少热量损失，吸附柱的废气被循环送回脱附器柱。此外，沼气可以被引入脱附器以去除 CO_2，从而提高 pH。

沼气流速与液体流速之间的比率 Q_{biogas}/Q_L 可以使用式（3.17）计算，假设：进水中 NH_4^+ 完全转化为 NH_3；溶解的 NH_3 与废气中的 NH_3 达到平衡；进水沼气以及处理过的液体均不含氨。

$$Q_L \cdot C_{NH_{3,L}} = Q_{biogas} \cdot C_{NH_{3,biogas}} \Rightarrow \frac{Q_{biogas}}{Q_L} = \frac{C_{NH_{3,L}}}{C_{NH_{3,biogas}}} = \frac{1}{H_{NH_3}} \qquad (3.17)$$

式中，$C_{NH_{3,L}}$ 表示水中 NH_3 的浓度；$C_{NH_{3,biogas}}$ 表示沼气中 NH_3 的浓度，H_{NH_3} 表示 NH_3 的亨利常数。

实际上，溶解的 NH_3 与废气中的 NH_3 无法完全达到平衡状态，因此 Q_{biogas}/Q_L 必须大于 $1/H_{NH_3}$。在这种情况下，引入剥离因子 S 来计算所需的空气流量：

$$S = H_{NH_3} \cdot \frac{Q_{biogas}}{Q_L} \qquad (3.18)$$

S 取决于脱附柱的设计，典型值范围为 $1.5 \sim 5$。剥离柱的高度 Z 可以用以下方程确定。

$$Z = HTU \cdot NTU \qquad (3.19)$$

$$HTU = \frac{Q_L}{A \cdot K_{La}} \qquad (3.20)$$

$$NTU = \frac{S}{S-1} \cdot \ln\left[\left(\frac{C_{NH_{3,in}}}{C_{NH_{3,out}}} \cdot (S-1) + 1\right) \cdot \frac{1}{S}\right] \qquad (3.21)$$

式中，HTU 为一个传质单元的高度，m；NTU 为传质单元的数量，量纲一；Q_L 为液体流速，m^3/h；A 为柱截面积，m^2；$C_{NH_{3,in}}$ 和 $C_{NH_{3,out}}$ 分别为 NH_3 的进口和出口水溶液浓度；K_{La} 为体积传质系数（mass transfer coefficient，MTC），h^{-1}，其取决于填料材料、特定填料表面积 a、温度和液体组成，NH_3 的典型 K_{La} 值在 $30 \sim 60^\circ C$ 为 $2 \sim 10 h^{-1}$。

利用沼气进行氨吹脱的流程图如图 3.7 所示。

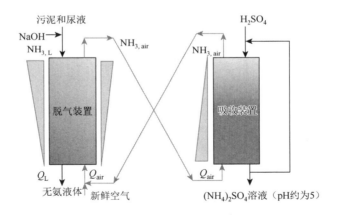

图 3.7　利用沼气进行氨吹脱的流程图

$NH_{3,L}$ 表示溶解的 NH_3；$NH_{3,air}$ 表示废气中的 NH_3；Q_{air} 表示气体流速；Q_L 表示液体流速

通过 CO_2 预剥离（图 3.8）可以显著减少 NaOH 的添加量。由于 CO_2 的挥发性约为 NH_3 的 1000 倍，它可以在一个预剥离器中剥离，且该剥离器中空气流量明显低于（小于 5%）氨剥离器中的空气流量，氨和能量损失最小。若向剥离器和吸附剂循环之间引入新鲜空气，并将废气引入预剥离器，还可以进一步减少对碱性药剂的需求。

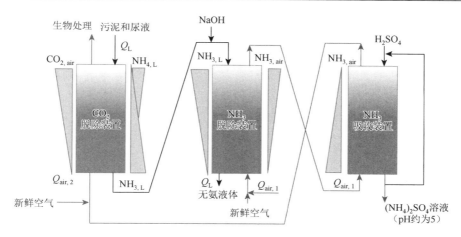

图 3.8　利用 CO_2 预剥离器进行氨吹脱的工艺流程图

3.4.2　吹脱法回收尿液中的氨

已被广泛测试用于从尿液中回收氨的三种主要工艺是空气吹脱（在 H_2SO_4 中连续吸附氨）、蒸汽吹脱和被动氨吹脱。

（1）空气吹脱。

已有研究报道了通过空气吹脱和酸吸附从储存的尿液中回收氨。基于反应器（图 3.7），Antonini 等[9]在批处理模式下进行了几次实验：输入物质为储存的尿液（50L、氨浓度为4500mg N/L、磷酸盐浓度为 310mg P/L、pH 为 9）。为了防止吹脱塔堵塞，在上游反应器中按照 1.5mol Mg/(mol P) 的比例添加氧化镁使磷酸盐以鸟粪石形式沉淀。将尿液加热至40℃并向 50L 尿液中加入 1L 50% NaOH 溶液来增加 NH_3 含量，所得 pH 为 10。尿液至吹脱塔的流量为 10L/h 或 80L/h，H_2SO_4（体积比 1∶10）流量为 55L/h，空气流量为 130m³/h。当尿液再循环到吹脱塔时以相对低的能耗实现了最大氨回收率。实验持续 3.5h，当尿液流量为 80L/h 时，实现了 94% 的氨被吹脱及 100% 的吹脱氨随后被吸附在酸中。根据实验结果，Antonini 等计算出，吹脱和吸附过程需要 18.8～28.2kW·h/kg N 的电能，假设发电的转换效率为 31%，则一次能耗为 60.6～91.0kW·h/kg N。这大大高于计算得出的13kW·h/kg N（一次能源）。该计算结果表明，空气吹脱/酸吸附反应器适用于 10 万人规模的废水处理厂消化池上清液中回收氨。

（2）蒸汽吹脱。

Tettenborn 等[10]使用蒸汽吹脱法将氨从储存的尿液转移到蒸汽形成的冷凝物中。他们用实验室反应堆和一个为 800 人设计的试验工厂进行了试验。中试反应器由 4.8m 高的吹脱塔组成。尿液停留时间为 15min，蒸汽压力为 6bar（1bar = 10^5Pa），温度为 160℃。通过各种工艺组合发现，当尿液流量为 70～110L/h，蒸汽流量为 15～35kg/h 及 pH 为 8.5～11 时，添加 NaOH 或 KOH 提高 pH 可以回收 91%～100% 的氨，使用基于硅酮的消泡剂可防止强烈起泡。根据蒸汽量的不同，冷凝液中的氨浓度比最初储存的尿液浓度（2～7.4g NH_3/L）高 15～34 倍。处理 100L 尿液约消耗 25kg 蒸汽，相当于 188kW·h/m³ 或 30.8kW·h/kg N（如果储存尿液中初始氨浓度为 7.4g NH_3/L）。该计算实验仅考虑蒸汽产生所需的能量，但其显示蒸汽吹脱具有与空气吹脱和酸吸附类似的能量需求。如果考虑能量回收，则可以将能源需求降低三分之二以上（50～55kW·h/m³）。然而，尽管蒸汽吹脱的能量需求低于空气吹脱和酸吸附，但蒸汽生产的复杂性使该技术不太适合小型分散反应器。

（3）被动氨吹脱。

传统的厕所具有上升管道，可防止冲洗水流下管道时产生低压，同时也有助于去除气味。受此启发，一些尿液收集系统以类似的方式构建，其中一个例子是瑞士水科学研究所的主楼。该建筑有两个尿液收集系统，其开放的上升管道直接连接到尿液收集罐（图 3.9）。两个通向大气的开口允许空气流通。类似于自然通风建筑，空气通过管道和储罐受浮力的驱动。建筑物的热量、水分的蒸发以及在较小程度上的氨挥发降低了管道内空气的密度。由此产生的密度 ρ（单位：kg/m³）可以用以下方程表示。该方程由理想气体定律推导而来：

$$\rho = \frac{1}{R \cdot T}[(P - p_{\text{w}} - p_{\text{NH}_3}) \cdot M_{\text{air}} + p_{\text{w}} \cdot M_{\text{w}} + p_{\text{NH}_3} \cdot M_{\text{NH}_3}] \qquad (3.22)$$

式中，R 为摩尔气体常数，其值为 8.314J/(K·mol)；T 为温度，K；P 为参考压力（通常是环境空气的压力），Pa；p_{w} 和 p_{NH_3} 分别为水蒸气和氨气的分压，Pa。M_{air}（0.02895kg/mol）、M_{w}（0.01802kg/mol）和 M_{NH_3}（0.017kg/mol）分别是干燥空气、水蒸气和氨气的质量摩尔浓度。

水分蒸发对推动空气流动，特别是在高温（例如夏季）的大气中起着主要作用。由浮力驱动的气流速度 v（单位：m/s）（不考虑风的影响），可以根据伯努利定理近似如下：

$$v = \vartheta \cdot \sqrt{\frac{\rho_{\text{in}}}{\rho_{\text{out}}} - 1} \qquad (3.23)$$

式中，ρ_{in} 是尿液收集系统进入前的空气密度，kg/m³；ρ_{out} 是尿液收集系统离开前（一般饱和水分）的空气密度，kg/m³；ϑ 是通过实验确定的经验系数，其考虑了沿流动路径的各种压力损失，m/s。在克里斯巴赫论文的两个尿液收集系统中，几乎所有的尿素在尿液到达收集罐之前都会被水解。因此，上升管道充当了逆流剥离柱。在这些管道中，富含氨的尿液流向收集罐，湿热的空气上升到屋顶（图 3.9）。管道中的气流速度为 0.3～0.6m/s。空气与液体的体积比处于工业剥离柱的操作范围内：2000～6000m³/m³。废气中的氨浓度峰值高达 1200mgN/m³。尿液收集系统中氨的高挥发性是一个问题，因为损失的氮无法回收，且氨脱气可能导致环境污染和气味问题。一个简单的解决方案是在管道中安装单向阀，通过中断管道中的气流来减少氨脱气。在新型节能建筑中，通过上升管道的气流受到顶部阀门的限制，以防止能量损失。另一种完全不同的方法是强化气流，以提高氨的去除率，并在上升管道的顶部回收氨，如使用酸阱。当氨被硫酸吸附时，形成硫酸铵，可作为肥料使用。来自吹脱过程的浓缩氨溶液也可用作肥料生产的原材料，或用于脱硝过程中将烟气中的氮氧化物还原为分子氮。

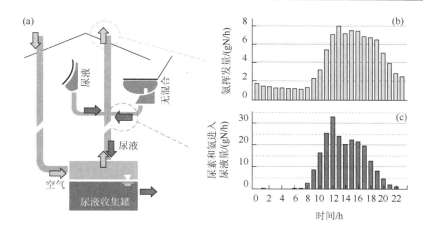

图 3.9 尿液收集系统的简化方案（a）。箭头代表空气（浅色）和尿液（深色）。图中绘制了瑞士水科学研究所大楼典型工作日尿素和氨的分布图，其中尿素和氨随新鲜尿液进入系统（c），NH_3 则随空气离开系统（b）。

3.5 吹脱法去除或回收废水中氨存在的问题

氨吹脱工艺已成功用于许多类型的高浓度氨废水，然而该工艺具有若干缺点。在涉及实施氨吹脱塔以去除废水中氨氮的问题中，存在结垢问题、污泥产生和氨气释放。

3.5.1 结垢问题

吹脱塔的结垢问题是由填料表面的碳酸钙垢引起的。大量碳酸钙垢堆积在填料上，导致吹脱性能降低。Viotti 和 Gavasci[11]发现在运行 6 个月后，填料逐渐结垢使吹脱塔效率从 98%降低到 80%。填料上碳酸钙垢的形成是由于空气流中二氧化碳被吸收，碳酸钙的性质发生了从软到硬的变化。因此，Viotti 和 Gavasci 建议进行化学清洗，以达到更高的废水氨去除率。

3.5.2 污泥产生

与吹脱相关的高污泥产量和高碱度流出物，会对氨吹脱工艺产生额外的处理成本。但是可以从氨吹脱塔污泥中回收碳酸钙，如 Maree 和 Zvinowanda[12]使用浮选技术从废水处理污泥中回收商业级石灰石。同时，He 等[13]评估了在曝气人工湿地中处理碱性吹脱废水的可行性和性能增强。人工湿地相对简单，并配备了生态友好技术，使其能够承受极端 pH 的废水，这是因为湿地具有高缓冲能力，碱性污水的修复是可行的。

3.5.3 氨气释放

氨吹脱工艺可能导致氨释放到环境中，从而引起额外的环境问题。为了减少氨气直接排放，通常采用氨回收技术。Ferraz 等[14]使用硫酸从垃圾渗滤液中回收吹脱氨，并发现 87%的吹脱氨被回收。Zhu 等[15]发现在 pH 为 12、气流速率为 0.50m³/h、温度为 60℃、吹脱时间为 120min 的最佳条件下，浓度为 0.2mol/L 的硫酸可以吸收每单位体积乙炔净化废水吹脱的约 93% 的氨。同时，Lei 等[8]得出结论，氨吹脱结合吸收工艺可有效用于处理猪粪中的氮。该过程的副产物是硫酸铵，是一种可用于农业的可销售肥料。

3.6　吹脱工艺的改进

随着对氨吹脱强化研究的不断深入，目前在氨吹脱反应器的改进、膜接触器、膜分离器、膜蒸馏、离子交换吹脱回路及微波辅助氨吹脱方面已取得相应进展。

3.6.1　氨吹脱反应器的改进

氨吹脱反应器的建造对整体处理效率和投资成本至关重要。传统的氨吹脱反应器采用填料塔用于强化两相间的传质，而逆流填料塔通过其底部的开口吸入空气，同时将废水泵送到填料塔顶部。不过该过程会导致在填充材料的表面上产生碳酸盐垢。随着时间的推移，氨去除效率下降。此外，填充床塔的平均深度通常为 6.1～7.6m，占用相当大的空间。因此，研究人员建议使用新型氨吹脱塔反应器，如旋转填充床反应器、水喷射空气旋流反应器和半间歇式喷射环流反应器。

在半间歇式喷射环流反应器中，通过空气吹脱去除氨具有更高的传质系数，并且更适合中试规模的工艺废水[16]。水喷射空气旋流反应器通常用于化学或生物化学催化反应，以相对较低的能耗提供卓越的混合性能（图 3.10）。喷射环流反应器的原理是利用高速液体射流的动能来夹带气相，在气相和液相之间产生精细分散。该工艺效率通常受反应器装置、喷嘴尺寸、导流管和喷射流入口位置的影响。Değermenci 等[17]开发了式（3.24），以模拟在喷射环流反应器中通过空气吹脱技术的氨去除率。

$$-\ln\frac{C_{L,t}}{C_{L,0}} = \frac{K_H Q_G}{V_L}[1 - e^{(K_L aSLe)/(Q_G K_H)}]t \qquad (3.24)$$

式中，$C_{L,0}$ 为某种物质在 L 位置的初始浓度；$C_{L,t}$ 表示该物质在 L 位置经过一段时间 t 后的浓度；K_H 为亨利常数；Q_G 表示气相的流量，即单位时间内通过某一截面的气体体积或质量；V_L 表示液相的体积，即液体所占的空间大小；K_L 为气膜传质系数，描述气体通过气膜的传质能力；a 为比表面积，指单位体积物质所具有的表面积，在传质过程中，比表面积越大，传质的接触面积越大；S 为传质过程中的某个几何尺寸或形状因子，与传质设备的结构有关；L 为长度参数，在一些传质设备中，如塔设备，它可以表示塔的高度；t 为时间，即传质过程所经历的时长。

结果表明，温度和气体流量对喷射环流反应器的氨去除率影响较大。在实际应用中，喷射环流反应器比传统的氨吹脱塔（填料塔）更有效。Farizoglu 等[18]利用喷射环流反应器处理奶酪乳清废水，实现了 84%～94% 的氨去除率。Quan 等[19]基于提高传质速率及其对处理含有悬浮固体的废水的适用性，设计了通过水喷射的空气旋流反应器去除氨。该气液旋流接触器解决了传统填料塔的结垢问题。水喷射空气旋流反应器的结构如图 3.10 所示。该反应器由两个同心垂直管和上部的旋风集管组成。废水被泵入内管的多孔部分，并被喷射到空气旋流反应器的中心线上。之后，空气被吸入内管顶部集管处的空气旋流器中。因此，Quan 等[19]基于 Matter-Müller[20]等开发的模型建立了使用水喷射空气旋流反应器的空气吹脱模型。

$$-\ln \frac{C_{A,t}}{C_{A,0}} = \frac{H_A Q_G}{V_L}[1-e^{-(K_L a V_L)/(Q_G H_A)}]t \tag{3.25}$$

式中，$C_{A,0}$ 为物质 A 的初始浓度；$C_{A,t}$ 为物质 A 在某一时刻 t 或某一阶段后的浓度；H_A 为物质 A 的亨利常数，它反映了物质 A 在气-液两相之间的分配平衡关系，常用于描述气体在液体中的溶解特性。

结果表明，水喷射空气旋流反应器对废水中氨氮、总磷和 COD 的去除率分别为 91.0%、99.2%和 52.0%。

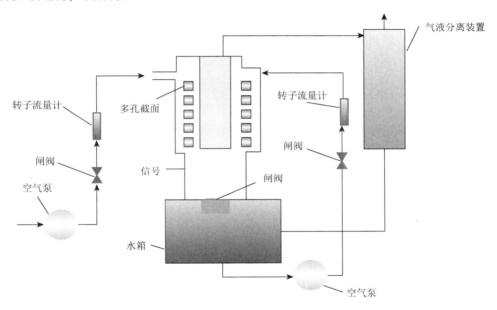

图 3.10　水喷射空气旋流反应器示意图

Rao 等[21]研究了旋转填充床反应器通过空气以提高气液传质系数并减少结垢问题、设备尺寸和成本问题，如图 3.11 所示。结果发现，旋转填充床反应器通过强离心加速使气液传质效率最大化，可显著提高性能。旋转填充床由旋转填料床、气体和流入物控制、流出物分析仪和流出物气体中和器组成。研究者使用式（3.26）模拟了旋转填充床反应器通过空气吹脱的氨去除速率：

$$K_L a = \frac{Q_L}{V_B} \frac{\ln[(1-(1/S))(C_{L,in}/C_{L,out})+(1/S)]}{1-(1/S)} \tag{3.26}$$

式中，$C_{L,in}$ 为某种物质在进入柱体的始浓度；$C_{L,out}$ 为该物质在离开柱体的浓度；S 为传质过程中的某个几何尺寸或形状因子，与传质设备的结构有关；Q_L 表示气相的流量，即单位时间内通过柱子截面的气体体积或质量；V_B 为液相的体积，即液体所占的空间大小。

结果表明，旋转填料床的传质效率（12.3～18.41h⁻¹）高于其他传统和先进的气液接触器。该方法已被用于许多工业领域，如气体吸收、生物柴油合成、硫化氢去除和纳米颗粒的合成。

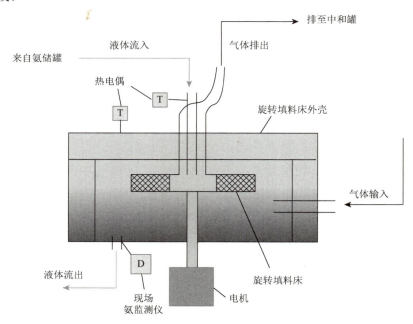

图 3.11　旋转填充床反应器

3.6.2　膜接触器

使用膜接触器进行氨吹脱具有较低的结垢率并且不需要后处理。相对而言，由于膜接触氨吹脱反应器在废水和吹脱溶液之间具有较大的接触表面积，而具有比常规氨吹脱反应器更高的传质速率，如图3.12所示。Semmens 等[22]推导出式（3.27），用于模拟膜接触器氨吹脱的氨去除速率：

$$\ln \frac{C_0}{C} = \frac{Q_t}{V}(1 - e^{-kaL/v}) \qquad (3.27)$$

在氨初始浓度为 1000mg/L、无悬浮固体和温差的操作条件下，使用聚四氟乙烯（polytetrafluoroethylene，PTFE）膜的最高传质系数为 11×10^{-3}m/h。而使用聚偏二氟乙烯（polyvinylidenefluoride，PVDF）中空膜去除氨时发现，在较高进料速度下传质速率较高，达 0.59m/s。

3.6.3　膜蒸馏

由渗透膜两侧的温差驱动的膜蒸馏法脱除氨氮也越来越多地被工业化应用。膜蒸馏可以分为四种基本配置，即直接接触膜蒸馏、真空膜蒸馏、气隙膜蒸馏和吹扫气体膜蒸馏。直接接触膜蒸馏工艺在氨浓度高于 400mg/L 时氨去除率大于 85%，但当氨浓度高于 1200mg/L 时，去除率下降。文献研究表明，影响脱氨效率最重要的操作参数包括进

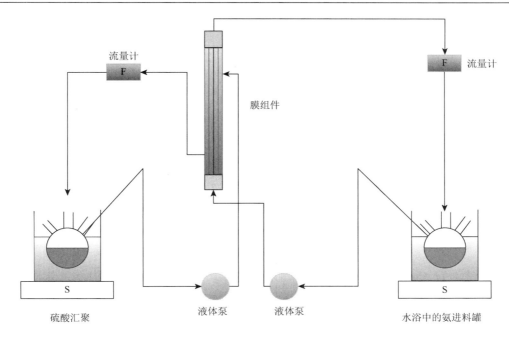

图 3.12　膜接触氨吹脱反应器

料温度、进料流速和下游压力。通过使用真空蒸馏，氨去除率可达 90%以上。Eykens 等[23]对直接接触膜蒸馏和气隙膜蒸馏的氨吹脱进行了实验室规模和中试规模的研究，发现对于较大规模的应用，气隙膜蒸馏比直接接触膜蒸馏具有更好的性能和更低的能量需求。

3.6.4　离子交换循环吹脱

由于空气吹脱的运行和维护成本较高，而离子交换树脂具有经济可行性，研究人员将离子交换和空气吹脱相结合，形成"离子交换循环吹脱"，可降低能量需求和设备尺寸。离子交换循环氨吹脱反应器由沸石床、脱离柱和洗涤器组成（图 3.13）。Ellersdorfer[24]发现氢氧化钠溶液可以替代氯化钠减少化学品消耗。通过离子交换循环吹脱可从污水处理厂回收浓度在 900mg/L 以上的高氨氮。

3.6.5　微波辐射脱氨

微波辐射为氨吹脱技术的研究打开了新大门。Lin 等做了微波辐射去除氨的中试试验，实现了焦化厂废水中 80%的氨去除率[25]。Ata 等对微波辅助吹脱氨的优化进行了研究，发现最佳条件如下：初始浓度为 1800mg/L，气流速度为 7.5L/min，温度为 60℃，搅拌速度为 500r/min，微波功率为 200W，辐射时间为 60min。在优化条件下，微波辅助氨吹脱的去除率能够达到 94.2%[26]。Serna-Maza 等[27]评估了微波辅助去除养猪废水中氨的效率，最高去除率为 83.1%。研究表明，微波辐射能够提高氨去除率并缩短反应时间。

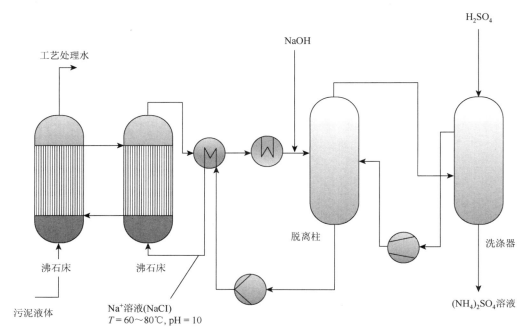

图 3.13　离子交换循环氨吹脱反应器

3.7　不同氨吹脱工艺比较

表 3.2 中列出了基于文献报道的不同氨吹脱工艺相关参数。工艺评价表明，填料塔显示出更高的结垢倾向，降低了其效率并增加了整个工艺的运行成本。此外，与其他氨吹脱工艺相比，填料塔还需要更大的空气消耗。较新的氨吹脱工艺，如半间歇式喷射环流反应器、水喷射空气旋流反应器及旋转填充床反应器结垢问题较少。由于旋转填充床反应器在连续流中操作，Yuan 等[28]建议扩大设备规模以确保更高的工艺效率。水喷射空气旋流反应器还可同时去除其他污染物，如 TP 和 COD。此外，常规填料塔对悬浮固体（suspended solids，SS）的耐受性较低，仅限于废水中存在较低悬浮固体的应用。而氨吹脱工艺通过使用半间歇式喷射环流反应器、水喷射空气旋流反应器、旋转填充床反应器等改进设备来实现高悬浮固体氨氮废水脱氮。使用膜分离技术结合氨吹脱具有更高的工艺效率，并提供了前瞻性的废水回收和再利用，但膜技术会受到膜污染的影响，导致水力阻力大幅增加。因此，今后研究重点应放在膜污染控制和更大规模的应用方面。微波辅助氨吹脱也显示出高达 94.2% 的工艺效率。尽管如此，较高的功耗和运行成本对微波辅助氨吹脱工艺来说具有严峻的挑战[29]。

表 3.2　不同空气氨吹脱工艺及设备比较

氨吹脱工艺及设备	废水体积/L	工艺效率/%	其他污染物去除	SS 耐受性	沉积问题	吹脱时间/h	空气流速/(L/min)	传质系数/h⁻¹
填料塔	1000	75	—	低	高	3.5	25（气水比）	0.42
半间歇式喷射环流反应器	9	97	—	高	低	5.8	5.6	0.63

续表

氨吹脱工艺及设备	废水体积/L	工艺效率/%	其他污染物去除	SS 耐受性	沉积问题	吹脱时间/h	空气流速/(L/min)	传质系数/h^{-1}
水喷射空气旋流反应器	10	98	TP、COD	高	低	3.5	11.4	1.2
旋转填充床反应器	0.01~0.025	64	—	高	低	0.0037	1800（连续流）	12.3
膜接触器	0.94	99.83	—	低	高	10	—	0.011
膜蒸馏技术	1	98.5	—	低	高	4	—	0.079
离子交换循环氨吹脱反应器	2	84.6	—	低	高	2.5	10	—
微波辐射技术	0.75	94.2	—	高	—	0.0167	（气水比）	3.354

注：表中单位除额外标注外，均为表头所示单位。

氨吹脱技术是从源分离废水中回收氮的一种经过验证的技术，几乎可以完全回收氨气。然而，气体脱除/酸吸附法需要强碱和强酸，蒸汽脱除需要高压和高温的蒸汽，这对于小型分散反应器是一个亟待解决的问题。与传统填料塔相比，新的氨吹脱工艺显示出较大的优势，因此各种基于氨吹脱技术的工艺得到了较大改进和发展。然而，在全面应用氨吹脱技术之前，需要进行中试研究和经济评估。

未来的研究可从以下三个方面展开。首先，氨吹脱工艺中各反应器的结构优化值得进一步研究。由于大多数新型氨吹脱反应器最初是为各种类型的应用而设计的，因此针对氨吹脱工艺进行专门优化至关重要。氨吹脱反应器发展的一个重要方面是以较低的运行成本获得较高的吹脱效率。因此，结构优化可为气液接触器提供详细的设计指导。其次，需要更多的研究来评估先进的液气接触器在氨吹脱中的成本构成。这些信息对负责设计新技术的工程师和决策者至关重要。因此，需要进行更深入的分析研究，以对气液接触器的全部成本进行分析，从而确定其在特定废水处理方案中的经济可行性。此外，对先进的气液接触器进行详细的试点研究对于识别潜在风险和减轻投资者的担忧也至关重要。最后，采用两种先进的气液接触器（旋转填充床和水喷射空气旋流反应器）利用涡流诱导气液传质，有可能从这些水漩涡中收集能量。因而先进的气液接触器与水涡流发生器集成可促进氨吹脱工艺能量自给。

参 考 文 献

[1]　O'Farrell Thomas P, Frauson Francis P, Cassel Alan F, et al. Nitrogen removal by ammonia stripping[J]. Journal(Water Pollution Control Federation), 1972, 44(8): 1527-1535.

[2]　Arashiro L T, Boto-Ordóñez M, Van Hulle S W H, et al. Natural pigments from microalgae grown in industrial wastewater[J]. Bioresource Technology, 2020, 303: 122894.

[3]　Urbini G, Raboni M, Torretta V, et al. Experimental plant for the physical-chemical treatment of groundwater polluted by Municipal Solid Waste(MSW)leachate, with ammonia recovery[J]. Ambiente e Agua - an Interdisciplinary Journal of Applied Science, 2013, 8(3): 22-32.

[4]　Saracco G, Genon G. High temperature ammonia stripping and recovery from process liquid wastes[J]. Journal of Hazardous Materials, 1994, 37(1): 191-206.

[5]　Campos J C, Moura D, Costa A P, et al. Evaluation of pH, alkalinity and temperature during air stripping process for ammonia removal from landfill leachate[J]. Journal of Environmental Science and Health, Part A, 2013, 48(9): 1105-1113.

[6]　Hidalgo D, Corona F, Martín-Marroquín J M, et al. Resource recovery from anaerobic digestate: Struvite crystallisation versus ammonia stripping[J]. Desalination and Water Treatment, 2016, 57(6): 2626-2632.

[7]　Markou G, Agriomallou M, Georgakakis D. Forced ammonia stripping from livestock wastewater: The influence of some physico-chemical parameters of the wastewater[J]. Water Science and Technology, 2017, 75(3/4): 686-692.

[8]　Lei X H, Sugiura N, Feng C P, et al. Pretreatment of anaerobic digestion effluent with ammonia stripping and biogas purification[J]. Journal of Hazardous Materials, 2007, 145(3): 391-397.

[9]　Antonini S, Paris S, Eichert T, et al. Nitrogen and phosphorus recovery from human urine by struvite precipitation and air stripping in Vietnam[J]. CLEAN – Soil, Air, Water, 2011, 39(12): 1099-1104.

[10]　Tettenborn F J, Behrendt R, Otterpohl, et al. Resource recovery and removal of pharmaceutical residues-Treatment of separate collected urine. Final report for task, 2007, 7.

[11]　Viotti P, Gavasci R. Scaling of ammonia stripping towers in the treatment of groundwater polluted by municipal solid waste landfill leachate: Study of the causes of scaling and its effects on stripping performance[J]. Ambiente e Agua - an Interdisciplinary Journal of Applied Science, 2015, 10(2).

[12]　Maree J P, Zvinowanda C M. Recovery of calcium carbonate from wastewater treatment sludge using a flotation technique[J]. Journal of Chemical Engineering & Process Technology, 2012, 3(2): 1-6.

[13]　He K L, Lv T, Wu S B, et al. Treatment of alkaline stripped effluent in aerated constructed wetlands: Feasibility evaluation and performance enhancement[J]. Water, 2016, 8(9): 386.

[14]　Ferraz F M, Povinelli J, Vieira E M. Ammonia removal from landfill leachate by air stripping and absorption[J]. Environmental Technology, 2013, 34(15): 2317-2326.

[15]　Zhu L, Dong D M, Hua X Y, et al. Ammonia nitrogen removal from acetylene purification wastewater from a PVC plant by struvite precipitation[J]. Water Science and Technology, 2016, 74(2): 508-515.

[16]　Behr A, Becker M. Multiphase catalysis in jetloop-reactors[J]. Chemical Engineering Transactions(CET Journal), 2009, 17: 141-144.

[17]　Değermenci N, Yildiz E. 2021. Ammonia stripping using a continuous flow jet loop reactor: Mass transfer of ammonia and effect on stripping performance of influent ammonia concentration, hydraulic retention time, temperature, and air flow rate. Environmental Science and Pollution Research, 28 (24): 31462-31469.

[18]　Farizoglu B, Keskinler B, Yildiz E, et al. Cheese whey treatment performance of an aerobic jet loop membrane bioreactor[J]. Process Biochemistry, 2004, 39(12): 2283-2291.

[19]　Quan X J, Zhao Q H, Xiang J X, et al. Mass transfer performance of a water-sparged aerocyclone reactor and its application in wastewater treatment[M]//Hydrodynamics - Optimizing Methods and Tools. InTech, 2011.

[20]　Matter-Müller C, Gujer W, Giger W. Transfer of volatile substances from water to the atmosphere[J]. Water Research, 1981, 15(11): 1271-1279.

[21]　Rao D P, Bhowal A, Goswami P S. Process intensification in rotating packed beds(HIGEE): an appraisal[J]. Industrial & Engineering Chemistry Research, 2004, 43(4): 1150-1162.

[22]　Semmens M J, Foster D M, Cussler E L. Ammonia removal from water using microporous hollow fibers[J]. Journal of Membrane Science, 1990, 51(1/2): 127-140.

[23]　Eykens L, Hitsov I, De Sitter K, et al. Direct contact and air gap membrane distillation: Differences and similarities between lab and pilot scale[J]. Desalination, 2017, 422: 91-100.

[24]　Ellersdorfer M. The ion-exchanger-loop-stripping process: Ammonium recovery from sludge liquor using NaCl-treated clinoptilolite and simultaneous air stripping[J]. Water Science and Technology, 2018, 77(3/4): 695-705.

[25]　Lin L, Chen J, Xu Z Q, et al. Removal of ammonia nitrogen in wastewater by microwave radiation: A pilot-scale study[J]. Journal of Hazardous Materials, 2009, 168(2/3): 862-867.

[26] Ata O N, Kanca A, Demir Z, et al. Optimization of ammonia removal from aqueous solution by microwave-assisted air stripping[J]. Water, Air, & Soil Pollution, 2017, 228(11): 448.

[27] Serna-Maza A, Heaven S, Banks C J. *In situ* biogas stripping of ammonia from a digester using a gas mixing system[J]. Environmental Technology, 2017, 38(24): 3216-3224.

[28] Yuan M H, Chen Y H, Tsai J Y, et al. Ammonia removal from ammonia-rich wastewater by air stripping using a rotating packed bed[J]. Process Safety and Environmental Protection, 2016, 102: 777-785.

[29] 李伦, 汪宏渭, 陆嘉竑. 城镇高氨氮污水的吹脱除氮试验研究[J]. 中国给水排水., 2006, 22(17): 92-95.

第 4 章　离子交换处理高氨氮废水

随着人们对离子交换机制的深入理解，其在工业中的应用日益广泛。常见的工业应用包括软化水、锅炉给水处理和重金属去除。最早使用的离子交换剂是土壤和沙子，后来合成交换剂被逐渐开发出来。人们最为熟知的离子交换剂是天然沸石，其次是合成沸石和聚合物离子交换剂（如树脂），这些材料含有可解离和可移动的交换离子。当离子交换剂与水接触时，其离子解离并变成可移动相，并与水相中的离子发生交换，从而保持总电荷中性。在离子交换过程中，总电荷必须保持中和，否则树脂将吸引或排斥离子以保持电荷平衡。离子交换的共离子（在阳离子交换过程中的阴离子）所带电荷与树脂上的电荷相同，通常不会进入树脂，而是互相排斥，也就是唐南（Donnan）排斥[1]。因此，交换离子浓度在树脂颗粒表面积累并随着交换的进行而降低。但如果溶液浓度过高，中性物种也可能进入树脂，即唐南入侵。本章将对离子交换处理废水氨的技术原理及其应用进行总结，以期为氨氮废水资源化提供重要参考。

4.1　离子交换平衡

离子交换法主要依赖离子交换和吸附两种机制来去除目标污染物（如氨）。所用的离子交换剂可以是天然的或合成的。天然离子交换剂通常来自结晶的、水合的碱金属铝硅酸盐或碱土金属离子矿物，具有三维 AlO_4 和 SiO_4 的四面体结构，通过共享氧原子和水分子连接[2]。具有离子交换性能的常见天然沸石包括斜发沸石、丝光沸石、菱沸石、片沸石、浊沸石、方沸石和毛沸石。

离子交换剂（M）与氨之间的离子交换机理如下：

$$(M\text{-}A^+)_{(s)} + NH_{4(aq)}^+ \Longleftrightarrow \left(M\text{-}NH_4^+\right)_{(s)} + (A^+)_{(aq)} \tag{4.1}$$

图 4.1 显示了当一个含有 A 离子的离子交换剂与水溶液中的 B 离子接触时平衡是如何建立的。

当树脂与水相中的离子接触时，可建立如式（4.2）所示的平衡。由于树脂内存在高浓度的带电基团，平衡浓度难以预测。

$$A_r^+ + B_{aq}^+ \Longleftrightarrow A_{aq}^+ + B_r^+ \tag{4.2}$$

离子在交换器内部的输运受扩散控制，通过孔隙或空隙以及树脂的聚合物基质完成。树脂可以膨胀或收缩以适应水合离子尺寸和渗透压的差异。由于吸附和离子交换之间存在一定的相似性，离子交换平衡可以用朗缪尔（Langmuir）和弗罗因德利希（Freundlich）等温模型来描述。

离子交换平衡是理解离子交换柱行为的重要考虑因素。当原水开始流入离子交换床

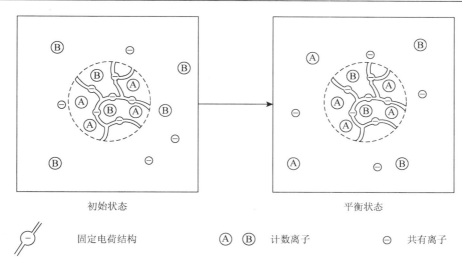

初始状态　　　　　　　　　　　　　平衡状态

固定电荷结构　　　　　Ⓐ　Ⓑ　计数离子　　　⊖　共有离子

图 4.1　离子交换平衡示意图

时，第一批树脂颗粒将进行离子交换直至耗尽。然后交换区域通过柱体移动，直到达到出口，即发生突破。图 4.2 显示了三种不同流速下的常见突破曲线。快流速与早期突破和宽（非锐利）的突破曲线相关。慢流速可能与较晚的突破和窄（更锐利）的突破曲线相关。在慢流速下，直到发生突破之前可以处理更多体积的水，但速度较慢，因此需要更大的柱体。

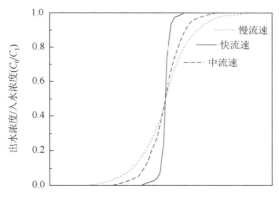

图 4.2　出口浓度的突破曲线

图 4.3 显示了离子交换固定床中的质量传递区（mass transfer zone，MTZ）。最初，床处于 A^+ 形态，随后流入的 B^+ 将 A^+ 置换出去。根据离子交换剂的选择性，MTZ 在穿过床时可以变得更尖锐或更宽。如果树脂更倾向于吸附 B^+，MTZ 将变得更尖锐；如果树脂更倾向于吸附 A^+，MTZ 将变得更宽。

通常在突破发生前停止柱操作，因此拥有一个尖锐的 MTZ 更有利于充分利用床层。研究发现，较小颗粒直径和较慢流速有助于在床层突破之前处理更多水量，从而形成较窄的 MTZ。然而，如果颗粒太小，柱中的压降过大可能发生导流。通常一个系统可能有多个柱，可以串联、并联或混合排列，意味着在某些柱因再生等原因停用时，系统仍然可以进行水处理。这种灵活性使离子交换技术在快流速和慢流速条件下均能有效应用。

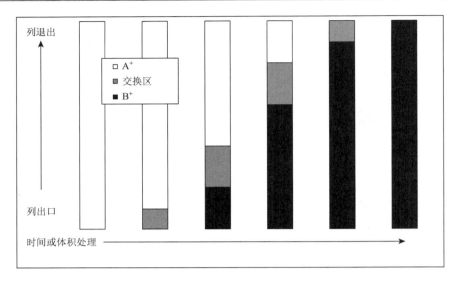

图 4.3　固定床移动的质量传递区（交换区）

有学者用床层深度服务时间模型来预测离子交换或吸附过程中填充床的突破，如式（4.3）所示。该模型假设吸附速率与残留吸附剂容量和吸附物浓度成正比[3]。

$$t = \left(\frac{N_0}{c_0 u}\right) \times \left[L - \left(\frac{u}{kN_0}\right) \times \ln\left(\frac{c_0}{c_b} - 1\right)\right] \tag{4.3}$$

式中，t 为服务时间；u 为线速度；L 为床长度；k 为速率常数；N_0 为吸附容量；c_0 为进流浓度；c_b 为突破浓度。

4.2　离子交换的选择性

在二元体系中，选择性用于衡量离子交换剂对某种离子的偏好程度，见式（4.4）。

$$\alpha_B^A = \frac{\ddot{A}B}{\ddot{B}A} \tag{4.4}$$

式中，A 和 B 指固相中的摩尔分数；$\ddot{A}$ 和 $\ddot{B}$ 指水相中的摩尔分数。若 α_B^A 大于 1.0，表明相对于 B，A 的平衡吸附优先；若 α_B^A 小于 1.0，表明相对于 A，B 的平衡吸附优先。选择性还可以通过摩尔分数等温线（图 4.4）来描述，即在图中绘制固相摩尔分数（y 轴）与液相摩尔分数（x 轴）的关系。

在图 4.4（a）中，等温线 c 表示优选离子，等温线 a 表示每个离子具有相同选择性的情况，等温线 b 表示非优选离子。并不是所有的等温线都像图 4.4（a）所示的那样简单，还可能存在许多其他复杂的可能性。例如，图 4.4（b）展示了选择性交叉现象。这种现象在沸石中很常见，但在聚合物树脂中不太常见。选择性交叉现象可能限于沸石的结构特征[4]。此外，等温线可表现出滞后效应。如果树脂最初处于 A 型，并且它与含有 B 离子的溶液接触，则可以绘制一条等温线；然而，如果树脂最初处于 B 型并与 A 离子的溶液接触，则将产生不同的等温线，这说明存在离子交换不完全可逆的情况。例如，若树脂为 A 型并与 B 离子接触,则最大吸收量可能不同于树脂为 B 型并与 A 离子接触的情况（参见图 4.4 中的等温线 b）。

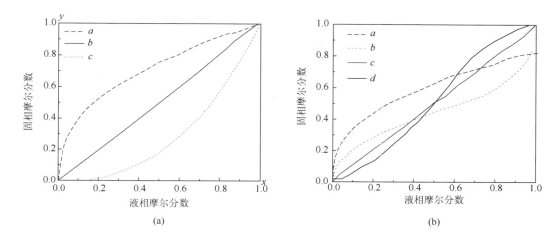

图 4.4　（a）二元等温线（摩尔分数）；（b）其他可能的等温线

　　离子交换动力学与质量传递一样重要。在大多数情况下，人们都希望离子交换有很高的动力学速率。但在实际过程中，存在离子扩散到树脂珠周围的边界层、通过边界层扩散到树脂珠表面、通过树脂珠的孔扩散、在固定地点交换缓慢的限制。类似的阻力也可应用于扩散出树脂珠的离子。边界层中的扩散阻力可能很大，并取决于搅拌或流速。此外，树脂珠孔道内的扩散也存在很大阻力。

　　以下模型已被用于描述离子交换速率[5]：

一阶：

$$\lg\left(1-\frac{X}{X_0}\right)=kt \tag{4.5}$$

修正的 Freundlich 模型：

$$X=kC_0t^{\frac{1}{m}} \tag{4.6}$$

抛物线型扩散模型：

$$F=Rt^{\frac{1}{2}} \tag{4.7}$$

$$X_t=\frac{1}{\beta}\ln\alpha\beta+\frac{1}{\beta}\ln t \tag{4.8}$$

式中，X_t 为在 t 时吸附的 NH_4^+ 量，mg/g；X_0 为平衡时吸附的 NH_4^+ 量，mg/g；t 为时间，min；C_0 为初始 NH_4^+ 浓度，mg/L；α、β、k、R 为常数；$1/m$ 作为 C_0 的指数，决定了 C_0 为 X 的影响程度和变化趋势。

4.3 离子交换树脂再生

理想情况下，离子交换是一个可逆过程。一旦床体耗尽或发生穿透，通常会对床体进行再生，树脂被还原为其原始的离子形式，以便重新使用。

4.3.1 化学再生

一旦流出物达到最大允许浓度水平，需停止使用离子交换器以进行再生，然后使含有高浓度原始离子的溶液通过柱。再生后，用纯水洗涤树脂以除去松散结合的离子和痕量的再生剂溶液。由于再生过程中低亲和力的离子需要从树脂中置换高亲和力的离子，再生过程通常难以完全进行，再生的程度由经济因素决定。

再生过程示例：若交换树脂最初为 Na^+ 形式，流入物中含有 NH_4^+。在循环期间，NH_4^+ 将置换 Na^+，并且在一定时间后将开始发生穿透，此时离子交换柱需进行再生，再生剂通常为 NaCl 溶液。在大多数情况下，需要高浓度的再生离子来置换在服务周期内附着的离子，因为这些离子可能比再生剂离子具有更强的亲和力。然而，在高 pH 条件下，置换的 NH_4^+ 转化为 NH_3，很容易被去除。因 NH_3 不能交换回树脂上，这有助于驱动将更多的 NH_4^+ 从树脂中剥离。因此，碱性再生比仅用 NaCl 再生需要更小体积的再生剂。

再生剂溶液通常是 NaCl（提供大量 Na^+）和 NaOH（提供高 pH 环境）的混合物。在再生过程中，腐蚀性条件也会对树脂进行灭菌。在碱性条件下，再生不仅更彻底，而且 NH_4^+ 的消失使动力学更快。NH_4^+ 在离子交换过程中，通常使用的离子交换树脂等材料在吸附饱和后，较容易实现再生。在初始再生剂溶液中，将一些 Na^+ 置于树脂上，并用等物质的量的 OH^- 将 NH_4^+ 转化为 NH_3。因此，只需要少量的 NaOH 来使再生剂溶液返回到其初始形式。

另外，空气吹脱可用于再生剂溶液的再调节。因为 pH 已经很高，不需要中和至 7.0。离子交换能有效地将氨从服务周期内较大体积浓缩到再生期间的较小体积。用空气从再生剂溶液中提取氨（最可能在填料塔中），直到达到足够低的浓度。然后气态 NH_3 可以通过酸性水或生物过滤器，这样就不会释放到环境中[6]。再生剂溶液的再处理能够重复使用，可显著降低运营成本。NH_4^+ 也可以通过氧化还原诱导微生物营养转化工艺沉淀，得到富含氮的沉淀物，可用于肥料生产[7]。其他常见阳离子也将在再生过程中被置换，例如 Ca^{2+}、Mg^{2+} 和 K^+。Ca^{2+}、Mg^{2+} 将在再生的碱性条件下沉淀，并且可能缓慢地污染树脂。然而，沉淀将从再生剂溶液中除去这些离子。如果结垢，可能需要在再生过程中额外增加步骤（例如酸处理），以从树脂中去除 Ca^{2+}、Mg^{2+} 沉淀物。然而，文献检索发现，目前没有可从再生剂溶液中去除 K^+ 的实用方法。

4.3.2 生物再生

生物再生是从废树脂中去除 NH_4^+ 的另一种方法。$NaHCO_3$ 通过离子交换柱利用其中的 Na^+ 置换 NH_4^+。然后硝化生物质消耗解吸的 NH_4^+。碳酸氢盐为生物质提供碳源，也阻止 pH 下降太低。每消耗 1mol NH_4^+ 需要大约 2mol 的 $NaHCO_3$ 来维持合适的 pH。通常需要额外的 Na^+（如 NaCl）为硝化菌置换更多的 NH_4^+。除了 NH_4^+，还需要额外的 Na^+ 置换流入物中存在的其他阳离子，如 Ca^{2+}、K^+ 等。

4.3.3　热再生

热再生是离子交换树脂再生的另一种方法[8]。以 NH_4^+ 形式存在的废树脂被加热至 $300\sim600℃$，NH_3 被驱赶出去。这种方法的不足包括：再生不完全、在高温下对沸石结构的损害、其他阳离子（如 Ca^{2+}、Mg^{2+} 和 K^+）未被取代、在使用过程中流出液的 pH 较低。这种方法只对沸石有效，对聚合物交换树脂无效。

4.4　离子交换剂

4.4.1　沸石中的离子交换

沸石是由 AlO_4/SiO_4 四面体和阳离子组成的三维铝硅酸盐[9]。每个铝或硅四面体通过共享的氧原子连接，总体携带负电荷，这些负电荷由阳离子来平衡。由于 O 原子的共享，O 与 Al + Si 的比率是 2 而不是 4。沸石中存在的阳离子取决于水中存在的阳离子以及沸石中每个位点对每个阳离子的亲和力。

沸石的化学式取决于中心离子，因为它决定了电荷。较高 Al 与 Si 的比率将需要更多的阳离子，因而具有较高的离子交换容量。不同的四面体排列以及不同的 Si^{4+} 或 Al^{3+} 的比例，可形成不同的沸石，如斜方沸石、斜发沸石、方钠石等。

每种沸石由沸石骨架的不同结构可能性限定，研究发现有超过 40 种的天然沸石。在保加利亚、匈牙利、意大利、日本、新西兰和美国等国家的火山遗址中通常可以发现火山灰成因的沸石。沸石的用途包括 CO_2 和 H_2O 的气相吸附、泄漏的油吸收、肥料、石油工业中的催化剂、纸张中的填充物、离子交换（软化水、去除重金属、去除 NH_4^+）、猫砂。

沸石可以在低温或高温下形成。在低温下，它们通过水床下火山灰的蚀变形成，水从灰烬中滴下，随着水的滴落，pH 发生变化，形成不同沸石的层次。高温沸石是在热水喷口中形成的，由于温度较高，它们可能形成得更快。斜方沸石可以在高温或低温地区找到。四面体建构块可以形成各种形状的沸石晶体，见图 4.5。

在离子交换中，沸石最重要的特征之一是离子可以在其孔中扩散。扩散可以在一维、二维或三维中发生。一维扩散通过孔隙发生，二维扩散在板之间发生，三维扩散通过开放结构发生（图 4.6）。图 4.7 显示了方钠石的结构，可以看出该结构是开放的和多孔的，图中还显示了铝、硅、氧和阳离子位点的分布。

沸石结构中的每个阳离子位点都具有不同的孔径和几何形状，周围分布着特定的原子和水分子。在这些位点中，某些阳离子会优先于其他阳离子占据这些位置。

斜发沸石是特定的离子交换剂，对铵离子具有高亲和力。斜发沸石是自然界中的一种丰富的沸石，一度被认为是自成一种，直到发现它是一种富硅的片沸石，其理想分子式是 $Na_6Al_6Si_{30}O_{72}\cdot24H_2O$。

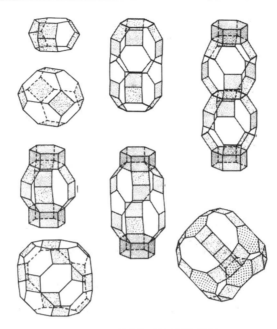

图 4.5　不同沸石结构示意图

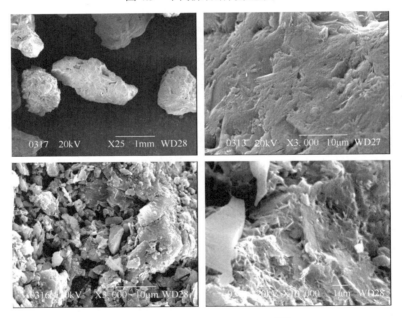

图 4.6　沸石扫描电子显微照片[10]

　　在天然斜发沸石中发现了多种阳离子（如 Na^+、Ca^{2+}、K^+、Mg^{2+}）和痕量金属（如 Fe^{3+}、Sr^{2+} 和 Ba^{2+}）。斜发沸石和其他沸石可含有大量杂质或其他沸石晶体（图 4.8）。斜发沸石中铝和硅之间共享的氧原子产生的负电荷由 Na^+ 平衡。Na^+ 主要通过离子键结合，使得它们在溶液中存在其他阳离子时容易发生交换。斜发沸石对 NH_4^+ 具有高的选择性和对酸性溶液的降解抗性，其对 NH_4^+ 的离子交换容量通常在 $32 \sim 40 \text{mmol/g}$。

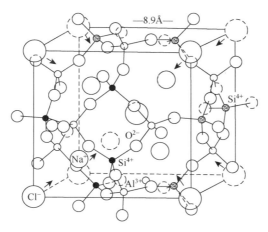

图 4.7　沸石晶体（方钠石）结构

对斜发沸石的研究结果表明，该结构中有 4 个阳离子位点，标记为 M1、M2、M3 和 M4（M2 和 M4 是二价位点）。天然斜发沸石的 M1 和 M2 位点通常被 Na$^+$ 和 Ca^{2+} 占据，K$^+$ 处于 M3 位点，Mg^{2+} 处于 M4 位点。还有一些被水分子占据的位点，标记为 W（1）～W（7）。

斜发沸石对不同阳离子的选择性存在差异，会优先选择某些离子，如按选择性排序为 Cs$^+$>K$^+$> NH$_4^+$>Sr^{2+}>Na$^+$>Ca^{2+}>Fe^{3+}>Al^{3+}>Mg^{2+}。在 NH$_4^+$ 去除的背景下，Cs$^+$、K$^+$ 和 Sr^{2+} 是潜在问题，其他相关阳离子 Ca^{2+}、Na$^+$ 和 Mg^{2+} 的存在可能会对 NH$_4^+$ 吸收产生

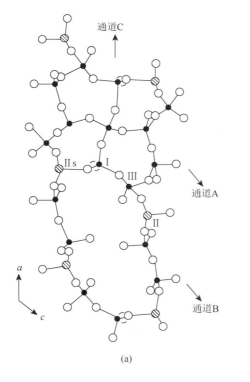

(a)

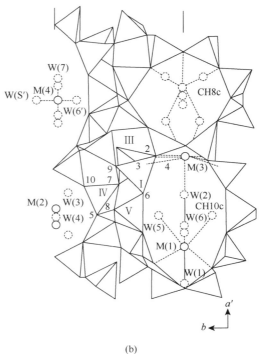

(b)

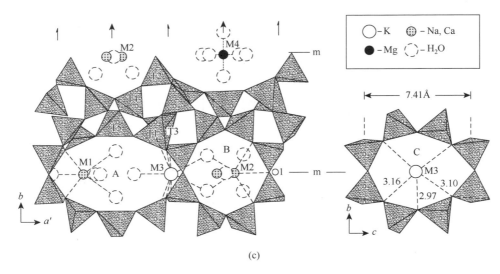

(c)

图 4.8　不同文献中的沸石结构

影响。研究发现，斜发沸石不能用于去除海水中的 NH_4^+，因为沸石床吸收 NH_4^+ 的能力会被 Na^+ 和 K^+ 吸收严重抵消。

　　具有高 Al/Si 比（高电荷密度）的沸石更倾向于吸附半径小、电荷高的离子，如 Ca^{2+}，而高 Si/Al 比（低电荷密度）有利于吸附低电荷的离子，如 NH_4^+ 和 K^+。从上述选择性顺序可以看出，通常单价离子优先于多价离子被吸附。另外，孔的大小也可能影响斜发沸石的选择性。沸石的结构是相当刚性的，不会发生明显膨胀或收缩，具有分子筛性质。这与低交联聚合物交换剂不同，低交联聚合物交换剂可以在较大阳离子存在下溶胀。

　　影响阳离子选择性的因素有阳离子电荷、阳离子半径（包括水合物和非水合物）、阳离子水合能、液相中物种的浓度，还有电解质、温度、树脂中的结构和位点数量。阳离子半径是决定选择性的重要参数，如表 4.1 所示。此外，阳离子周围水分子的水合能也很重要。

表 4.1　阳离子大小及水合能

离子	离子半径(非水合物)/Å	离子半径(水合物)/Å	水合能(kJ/g)
K^+	1.33	5.3	394
NH_4^+	1.43	5.35	364
Na^+	0.95	7.9	477
Ca^{2+}	0.99	9.6	1717
Mg^{2+}	0.66	10.8	2051

4.4.2　聚合物离子交换剂

　　第一个聚合物离子交换剂是在 20 世纪 30 年代中期制备的。聚合物、交联和官能团有许多可能的组合（图 4.9 和图 4.10）。单体有机电解质可以聚合，或者可以先发生聚合反应，随后再添加官能团。用于离子交换树脂的最常见聚合物之一是与二乙烯基苯交联的聚苯乙烯。

　　聚合物离子交换剂因具有高容量、高动力学性能以及化学稳定性和机械稳定性而被广泛应用。其官能团可根据应用场景定制，其选择性可以被控制。例如，CO_2^- 基团仅在高 pH 下是离子，在低 pH 下不再起离子交换剂的作用，而 NH_4^+ 基团仅在低 pH 下起作用。此外，强酸或强碱位点几乎能在所有 pH 范围内起作用。

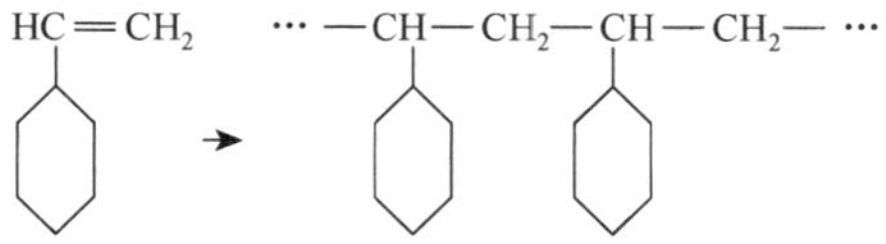

(a) 苯乙烯聚合形成聚苯乙烯

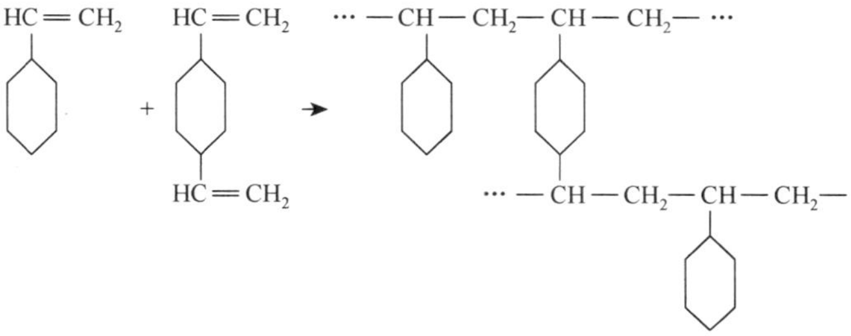

(b) 苯乙烯在二乙烯基苯存在下聚合形成交联聚苯乙烯

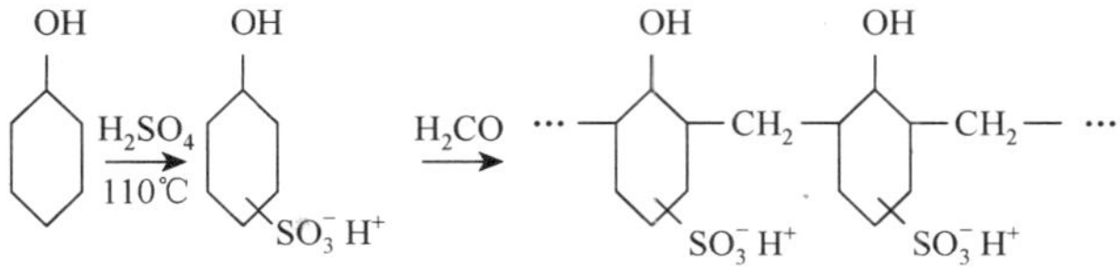

(c) 硫酸在醛的存在和高温下形成磺酸官能团

图 4.9　制备离子交换树脂示意图

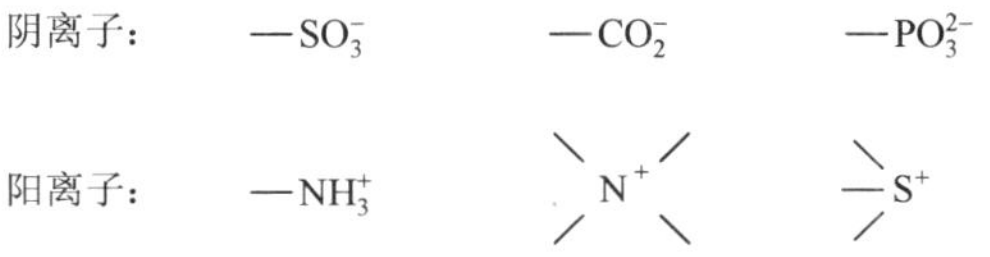

阴离子：　　$—SO_3^-$　　　　$—CO_2^-$　　　　$—PO_3^{2-}$

阳离子：　　$—NH_3^+$　　　　N^+　　　　$—S^+$

图 4.10　常见官能团示意图

　　聚合物树脂基质是随机的，结构中具有随机的孔和位点。其基质具有弹性，并可根据交联程度和存在的离子发生收缩或膨胀，这决定了离子的移动性。具有高交联度的树脂刚性更大，收缩或膨胀能力更弱；而交联度低的树脂则表现出更强的膨胀或收缩能力。

　　聚合物树脂种类较多，例如 Dowex 50W-X8（陶氏化学公司生产）是与二乙烯基苯交联的聚苯乙烯聚合物的实例。其官能团为强酸性的磺酸型，是一种常见的阳离子交换剂。Purolite MN 500（图 4.11）是普罗莱特（Purolite）公司基于大分子网聚合物的新一代离子交换剂之一。该材料于 1969 年被首次研发成功，但直到 1993 年才实现第一批商用大孔网状树脂的工业化生产，其主要特点是具有高表面积（800～1100m²/g）。大孔网含有微孔（15Å）和大孔（800～950Å），微孔（15Å）使其具有更高的交换容量，大孔（800～950Å）虽使离子交换容量较低，但允许离子更快地扩散通过[11]。

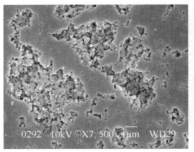

图 4.11　Purolite MN500 表面的扫描电子显微镜照片

图 4.12 展示了几种聚合物树脂交换剂的实物图（它们通常需湿润以保持形态）。

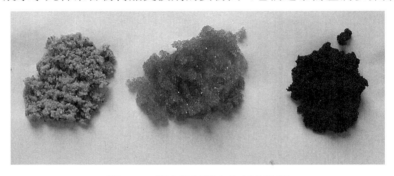

图 4.12　聚合物树脂交换剂实物图

文献还报道了某些聚合物离子交换剂可包含分散的金属氧化物，例如二氧化锰（MnO_2）、水合氧化铁（$FeOOH$）、水合氧化锆（$ZrO_2 \cdot xH_2O$）、混合阴离子交换剂（HAIX）和混合阳离子交换剂（HCIX）[12]。混合离子交换剂主要包含两种组分，即含有离子交换官能团的聚合物主体和分散在孔空间内或在离子交换剂表面的水合金属氧化物颗粒。金属氧化物对配体具有良好的选择性，但缺乏耐磨性。与天然金属氧化物相比，聚合物负载的金属氧化物不仅耐用，而且具有优异的机械强度，并表现出更强的吸附能力。吸附能力的增强可以通过唐南效应来解释[13]，如图 4.13 所示。

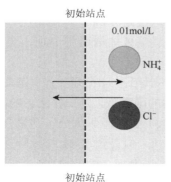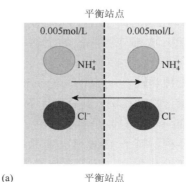

(a)

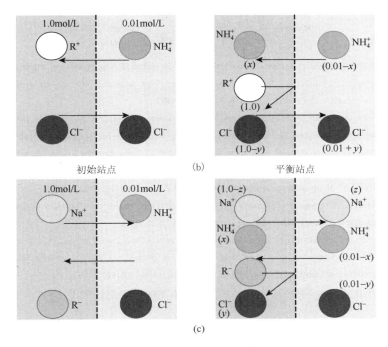

图 4.13　唐南效应原理示意图

　　与其他方法相比，离子交换吸附法具有许多有利特征：它对铵离子具有高亲和力和高去除效率，是一种简单、低成本且环保的技术。

4.5　离子交换剂在氨氮处理方面的应用

　　氨氮离子交换剂包括沸石、膨润土、海泡石、粉煤灰和离子交换树脂，而工业应用中以沸石和离子交换树脂最为常见。张曦等[14]研究了氨氮浓度、溶液稳定性、时间、共存阳离子等对天然沸石吸附氨氮的影响，初步探讨了沸石吸附氨氮后自然硝化的规律。夏丽华等[15]研究了不同改性条件下沸石去除氨氮的效果，着重考察有机物对氨氮去除的影响以及钙离子对氨氮去除效果的影响。结果表明，改性沸石对氨氮有很好的去除效果，酸浸沸石的处理效果明显优于碱浸沸石。然而，当有机物含量较高时，会减弱氨氮的去除效果。水中钙离子的存在会在一定程度上降低氨氮的去除效果。由于我国沸石矿藏储量大，沸石开采便利、价格低廉，且天然沸石具有比表面积大、孔道多、离子交换性能好、吸附能力强等特点，国内外许多学者利用多种方法改性沸石，使其具有更强的吸附氨氮能力，因此天然沸石在吸附氨氮方面具有广阔的前景。

　　离子交换法主要用于处理中低浓度氨氮废水，具有设备简单、适应能力强、基建成本低、抗冲击负荷能力强等特点，因而被广泛应用。但离子交换剂交换容量有限，需要频繁再生，且再生后氨氮去除效果逐渐降低，导致多次再生后离子交换剂必须更换。另外，离子交换剂对氨氮的交换容量易受到废水中其他阳离子的影响，这些都限制了离子交换法的发展。

参 考 文 献

[1]　Jorgensen T C. 2002.Removal of ammonia from wastewater by ion exchange in the presence of organic compounds.

[2]　Mercer B W, Ames L L, Touhill C J, et al. Ammonia removal from secondary effluents by selective ion exchange[J]. Journal(Water Pollution Control Federation), 1970, 42(2): R95-R107.

[3]　McVeigh R. 1999. The enhancement of ammonium ion removal onto columns of clinoptilolite in the presence of nitrifying bacteria. PhD research dissertation, Department of Chemical Engineering, The Queens University of Belfast.

[4]　Dryden H T. Ammonium ion removal from dilute solutions and fish culture water by ion-exchange.Edinburgh: Heriot-Watt University, 1984.

[5]　Slater　M J. Principles of ion exchange technology[M]. Oxford: Butterworth-Heinemann, 2013.

[6]　Bonmatí A, Flotats X. Air stripping of ammonia from pig slurry: Characterisation and feasibility as a pre- or post-treatment to mesophilic anaerobic digestion[J]. Waste Management, 2003, 23(3): 261-272.

[7]　Prather, B. Wastewater aeration may be key to more efficient removal of impurities[J]. Oil and Gas Journal, 1959, 57(49): 78.

[8]　Kinidi L, Tan I A W, Wahab N B A, et al. Recent development in ammonia stripping process for industrial wastewater treatment[J]. International Journal of Chemical Engineering, 2018, 2018(1): 3181087.

[9]　Alitalo A, Kyrö A, Aura E. Ammonia stripping of biologically treated liquid manure[J]. Journal of Environmental Quality, 2012, 41(1): 273-280.

[10]　Cooney E L, Booker N A, Shallcross D C, et al. Ammonia removal from wastewaters using natural Australian zeolite. I. characterization of the zeolite[J]. Separation Science and Technology, 1999, 34(12): 2307-2327.

[11]　Dale J N, Nikitin R, Moore, et al. Macronet, the birth and development of a technology[J]. Ion exchange at the millennium, 2000: 261-268.

[12]　Nommik H, Vahtras K. Retention and fixation of ammonium and ammonia in soils[M]//Nitrogen in Agricultural Soils. Madison, WI, USA: American Society of Agronomy, Crop Science Society of America, Soil Science Society of America, 2015: 123-171.

[13]　Cincotti A, Lai N, Orrù R, et al. Sardinian natural clinoptilolites for heavy metals and ammonium removal: Experimental and modeling[J]. Chemical Engineering Journal, 2001, 84(3): 275-282.

[14]　张曦, 吴为中, 温东辉, 等. 氨氮在天然沸石上的吸附及解吸[J]. 环境化学, 2003, 22(2): 166-171.

[15]　夏丽华, 董秉直, 高乃云, 等. 改性沸石去除氨氮和有机物的研究[J]. 同济大学学报(自然科学版), 2005, 33(1): 78-82.

第5章 化学法处理高氨氮废水

20 世纪 60 年代，化学法就已被用于处理氨氮废水。2004 年 Kim 等[1]在氨氮废水中添加 Mg^{2+} 和 PO_4^{3-}，通过化学沉淀法去除 NH_4^+。得到的沉淀用碱性化合物共热获得 NH_3、Mg 和磷酸盐。我国许多学者对此方法进行了研究和改进，并取得了较好效果。除化学沉淀法外，折点氯化法和光催化氧化法也是常用的氨氮处理技术，特别是光催化技术的应用受到广泛关注。氨氮废水处理的化学方法有多种，由于废水性质存在差异，各方法均有优势与不足。针对不同性质的废水，需分析其成分并选择一种或几种方法联合处理，才能达到理想效果。因此，本章将对化学法处理高氨氮废水的研究进展进行总结，对比不同化学处理技术的优劣势。

5.1 化学沉淀法

化学沉淀法是指选择合适的化学试剂作为沉淀剂，添加在常规生物处理污水之前、之后或过程中，通常利用该方法回收氮磷。利用该工艺回收的磷容易脱水并可作为肥料再利用。Ca^{2+} 和 Mg^{2+} 矿通常用作沉淀剂，分别与磷酸盐反应生成羟基磷灰石[$Ca_5(OH)(PO_4)_3$]和鸟粪石[$Mg(NH_4)PO_4·6H_2O$][2]。其中，鸟粪石可直接作为肥料施用于土壤，而羟基磷灰石可在磷肥工业中回收利用。由于回收的鸟粪石或羟基磷灰石可能含有一定水分和颜色，因而需要进一步进行脱水、造粒和干燥等工艺处理，以使其更适合作为商业肥料。值得注意的是，通常禁止投加 Fe^{3+} 和 Al^{3+} 作为化学沉淀法的沉淀剂，因为 Fe^{3+} 和 Al^{3+} 均能与磷紧密结合，导致磷被固定在 Fe^{3+} 和 Al^{3+} 的磷酸盐矿物中，且植物难以吸收此类磷酸盐，致使利用 Fe^{3+} 和 Al^{3+} 回收的磷酸盐不适合用作肥料。与难以被植物吸收利用的 Fe^{3+} 和 Al^{3+} 磷酸盐以及不能直接作为肥料的羟基磷灰石相比，鸟粪石在水中溶解度较低，在渗滤流失前即可被植物有效吸收，充分发挥其作为肥料的功效。因而，鸟粪石被认为是极具潜力的磷酸盐肥料。

5.1.1 鸟粪石沉淀过程的化学基础

鸟粪石晶体由正磷酸盐（PO_4^{3-}）、镁（Mg^{2+}）和一价或二价离子如铵（NH_4^+）、钾（K^+）、钠（Na^+）、铜（Cu^{2+}）、镍（Ni^{2+}）、铅（Pb^{2+}）、锰（Mn^{2+}）组成。磷酸铵镁（magnesium ammonium phosphate，MAP）是鸟粪石晶体最常见和最稳定的形式，分子式为 $Mg(NH_4)PO_4·6H_2O$，其特征为结晶白色正交棱柱结构（图 5.1）。鸟粪石可通过 X 射线衍射（X-ray diffraction，XRD）比较所检测固体的衍射图与纯化合物的衍射图进行鉴定（图 5.1）。当组分浓度超过溶解度时，根据以下公式形成沉淀[3]：

$$Mg^{2+}+NH_4^+ + H_nPO_4^{3-n} + 6H_2O \longrightarrow Mg(NH_4)PO_4 \cdot 6H_2O + nH^+ \qquad (5.1)$$

$$n = 0,\ 1,\ 或\ 2$$

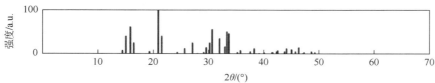

图 5.1　　鸟粪石晶体 Mg(NH$_4$)PO$_4$·6H$_2$O 及衍射图

上述反应是鸟粪石形成的简化形式，实际上，该过程涉及不同的物理化学参数，特别是离子结合时会发生成核，产生初始形式的晶体。当成核过程自发发生时，颗粒是均匀的。如果存在异质颗粒或杂质，成核则为异质成核，且由扩散机制和溶液中元素的饱和度控制[4]。

5.1.2　鸟粪石沉淀的影响因素

鸟粪石晶体生长是一个由从溶质到晶体表面的传质和表面积分机制控制的过程，因此该过程取决于几个物理化学参数，如 pH、摩尔比、结晶时间、温度、杂质离子、镁源等。

（1）pH。

pH 对鸟粪石的形成影响较大。当 Mg^{2+}、NH$_4^+$ 和 PO$_4^{3-}$ 的浓度超过溶解度（K_{sp}）时就会形成鸟粪石，其生成量受 pH 及镁、铵和磷物质总量的影响。MAP 组分的形态也依赖于 pH[5]。许多学者对 MAP 沉淀的最佳 pH 范围进行了详细研究，如 Buchanan 等[6]通过数学模型发现，鸟粪石沉淀可以在 pH 为 7～11 范围内发生，在 pH 为 9 时其溶解度最小。Tünay 等[7]通过实验确定 pH 在 8.5～9.3 范围内是最佳值，回收沉淀物的纯度高于 90%。除上述结果外，进一步的研究确定，pH 约为 9 时最有利于鸟粪石沉淀，且随着 pH 继续升高至 9 以上，铵离子转化为氨气，而磷酸根离子在溶液中的持久性显著增加，MAP 沉淀会受到阻碍。

另一方面，也有很多学者发现更高的 pH 是鸟粪石沉淀的最佳条件，特别是 Ohlinger

等[8]在 pH = 10.3 时获得了其最小溶解度，包括磷酸镁复合物。当 pH 升高到 10.5 时，由于鸟粪石沉淀，PO_4^{3-} 和 NH_4^+ 浓度持续下降。Siciliano 等[9]发现，当 pH 为 10 时是预处理垃圾渗滤液中鸟粪石沉淀的最佳条件。上述文献报道的差异可能与处理废水的组成不同有关。事实上，废水的任何化学改变都会导致离子强度和活性的差异，还会影响鸟粪石的沉淀潜力。此外，废水中的离子种类也影响 MAP 晶体的形成，比如竞争性离子（Ca^{2+}、Na^+、K^+、Al^{3+}、Fe^{3+}等）的存在，对沉淀过程有很大的影响。在高浓度钙（Ca^{2+}）的存在下，pH 高于 10 可能导致形成亚稳态形式的羟基磷灰石和仅一小部分鸟粪石。基于这些因素，鸟粪石沉淀的特定 pH 不能被假定，意味着应根据废水水质来确定 pH，以优化 MAP 形式的营养物的去除和回收。

（2）摩尔比。

根据反应式（5.1），当溶液中 Mg^{2+}、NH_4^+ 和 PO_4^{3-} 物质的量浓度相等时，会发生鸟粪石成核现象。这三种组分的浓度比例是鸟粪石晶体形成的关键因素。通常在真实的废水中，Mg^{2+}、NH_4^+ 和 PO_4^{3-} 的物质的量浓度存在显著差异，多数废水的 NH_4^+ 浓度较高，特别是厌氧生物过程产生的废水（如渗滤液和厌氧消化液），而只有在极少数情况下（如超临界气化过程的液相中），NH_4^+ 浓度比 Mg^{2+} 和 PO_4^{3-} 低。若旨在去除磷和氨氮获得鸟粪石沉淀，需达到化学计量摩尔比，此时添加镁和磷的试剂成本更高。在这种情况下，工艺效率与三种元素 N：Mg：P 摩尔比直接相关。相反，若旨在专门去除氮，则通过鸟粪石沉淀回收磷的工艺更具有可持续性。由于废水中通常铵过量，仅需要添加镁，且添加量主要取决于 Mg 与 P 的摩尔比。理论上，鸟粪石沉淀的三种组分所需的物质的量相等，但实际投加量远超过理论值，因为在真实废水中存在竞争性离子如 Ca^{2+}、Na^+、K^+、Al^{3+}、Fe^{3+}等会与 Mg^{2+} 和 PO_4^{3-} 结合，降低它们参与 MAP 形成的效率。

最佳摩尔比在很大程度上取决于废水的物化特性，各物质剂量还取决于镁和磷来源的化学品的类型。关于最佳摩尔比在文献报道之间存在很大分歧，特别是针对垃圾渗滤液处理，使用可溶性分析纯试剂（$MgCl_2 \cdot 6H_2O$、$Na_2HPO_4 \cdot 12H_2O$）可去除约 90%的 NH_4^+。有研究者[10]通过使用接近化学计量值的剂量（N：Mg：P = 1：1：1.05）的纯试剂，获得了约 94%的高 NH_4^+ 去除率。相反，使用非常规试剂时需要更大的剂量，如使用 MgO 作为镁源，将镁的量从 10%增加一倍，氨去除率从 67%提升至 95%。在垃圾渗滤液和牛粪渗滤液的预处理中，利用海水盐卤和骨粉分别作为 Mg^{2+} 和 PO_4^{3-} 来源，按 N：Mg：P = 1：1.3：1.3 的比例，NH_4^+ 去除效率接近 90%。另外，MAP 的形成还受化学品添加顺序的影响，特别是在 N：Mg：P = 1：1.2：1.2 的比例下，在 pH 调节前投加镁和磷酸盐试剂，可获得最佳的氨氮去除和鸟粪石沉淀效果。

在以磷去除和回收为目标的研究中，高于化学计量的 Mg：P 摩尔比非常重要。Quintana 等[11]发现，Mg：P 比率对磷酸盐量的减少有很大影响，当 Mg：P 摩尔比以 1.5 投加时，检测到磷是主要去除物，将 Mg：P 剂量从 1 增加到 1.6 时有利于磷的去除。因此，在 pH 增加较小的情况下，增大 Mg：P 比例可获得较高的 PO_4^{3-} 去除率，实现了在有限的碱添加下取得令人满意的除磷效果，还可避免高 pH 或氨挥发的潜在不利影响。Martí 等[12]认为，Mg^{2+} 可用性的增加降低了 Ca：Mg 摩尔比，有利于鸟粪石而不是磷酸钙的沉淀。当 Mg：P 的摩尔比低于 1.05：1 时，沉淀物会产生鸟粪石和羟基磷灰石的混合物，因而建议在大规模应用场景中使用 Mg：P 摩尔比为 1.3：1 的 Mg^{2+} 剂量。过量 Mg^{2+} 会导致磷酸镁的形成而减少鸟粪石沉淀。当 Mg：P 摩尔比≤4 时，磷酸盐的去除主要是通过 MAP 沉淀进行，而当 Mg：P 摩尔比＝5 时，磷酸盐去除是通过三水磷酸氢镁（$MgHPO_4 \cdot 3H_2O$）和二十二水合磷酸镁石[$Mg_3(PO_4)_2 \cdot 22H_2O$]沉淀实现。

（3）结晶时间。

鸟粪石结晶是一种化学反应过程。在过饱和溶液中，鸟粪石结晶形成晶核所需要的时间非常短，随后鸟粪石即进入晶体的二次成核阶段。在适宜的反应条件下，鸟粪石结晶过程可迅速完成。例如，Wang 等曾报道在 NH_4^+-N 浓度较高的污水中，鸟粪石结晶的理想反应时间仅为 20～25min[13]。一般而言，反应时间的延长有利于鸟粪石晶粒的增大，对鸟粪石的产量则几乎没有影响。此外，鸟粪石结晶反应完成时间受多种因素影响，如在室温（25℃）且溶液近中性的条件下，大概需要三个月的时间才能获得纯度为 99.7% 的鸟粪石，而通过增大溶液的 pH 则可将结晶反应时间缩短至数小时甚至几十分钟，大大增强了该工艺的适用性[14]。

（4）温度。

鸟粪石晶体的溶解度、形态以及它们的形成和溶解均与温度有关。研究发现，25～35℃的温度范围是鸟粪石沉淀的最佳温度。当温度从 25℃升高到 35℃，会使鸟粪石溶解度增加，并促进纯度较低的晶体溶解。也有研究发现，温度从 14℃升高到 35℃时，会导致离子活性和过饱和系数增加，晶体形成效率降低 30% 以上，且晶体从棱柱形转变为树枝状结构。

鸟粪石溶解度不仅与温度相关，在很大程度上还受溶液化学组成的影响。在模拟废水溶液中，鸟粪石溶解度随温度的升高（一般到 50℃）而增加，当温度升至 65℃时溶解度降低。此外，鸟粪石的溶解度也会受到其他离子（如 Ca^{2+}、CO_3^{2-}）的影响。竞争性离子的存在是影响鸟粪石结晶的一个主要问题。如果 Ca^{2+} 较多，它可以与磷酸根离子反应，从而干扰鸟粪石形成过程。过饱和度的增大会导致成核时间缩短和晶体生长速率下降。表 5.1 展示了文献中报告的 K_{sp} 值的极端变异性。

表 5.1 不同温度下鸟粪石的溶解度 K_{sp} 值

15℃	25℃	35℃	37℃	45℃	55℃	65℃
	4.31×10^{-14}		5.14×10^{-14}			
	5.51×10^{-14}	7.90×10^{-14}				
6.90×10^{-14}	1.17×10^{-13}					2.50×10^{-14}
9.16×10^{-15}	4.33×10^{-14}	5.92×10^{-14}		2.53×10^{-14}	1.46×10^{-14}	
5.13×10^{-14}	6.76×10^{-14}	8.32×10^{-14}				

（5）杂质离子。

溶液中的杂质离子占据鸟粪石晶体的生长位点，抑制晶体尺寸增加，从而影响鸟粪石晶体的生长速度。目前，仅少量研究探讨了杂质离子对鸟粪石结晶的影响。例如，Le Corre 等[2]在 Ca^{2+} 含量相对较高的污泥液中发现 Ca^{2+} 可与 PO_4^{3-} 或 CO_3^{2-} 相互作用，生成磷酸钙（通常为羟基磷灰石）或碳酸钙（通常为方解石），并抑制鸟粪石结晶。Kabdaszli 等[10]也曾报道，杂质离子如 Na^+、Ca^{2+}、SO_4^{2-}、CO_3^{2-} 和 HCO_3^- 的存在对鸟粪石形成的诱导时间以及鸟粪石晶体的形貌和尺寸均有影响。Saidou 等[15]通过测定溶液磷酸根浓度随时间的变化，确定鸟粪石成核诱导期。在 Cd^{2+} 和 Al^{3+} 对鸟粪石成核影响的研究中，发现 Al^{3+} 能够促进成核而 Cd^{2+} 则不影响成核。Muryantod 和 Bayuseno[16]通过监测溶液 pH 变化来表征鸟粪石结晶速率，研究了 Cu^{2+} 和 Zn^{2+} 对鸟粪石生长速率的影响，发现两种离子都能抑制鸟粪石生长，且 Zn^{2+} 的抑制效果更显著。

（6）镁源。

一般而言，镁源对结晶反应速率、污水出水质量、沉淀物组成和特性（即鸟粪石纯度）以及整个处理过程的投入成本都有重要影响。常见的镁源主要包括水溶性镁盐如氯化镁（$MgCl_2$）、硫酸镁（$MgSO_4$），固体镁源如碳酸镁（$MgCO_3$）、氢氧化镁[$Mg(OH)_2$]、氧化镁（MgO）等[17]。从环境学角度来看，使用 $MgCl_2$ 和 $MgSO_4$ 为镁源，会产生高盐浓度和高电导率的污水，在后续生物处理过程中可能抑制微生物活性。$MgCl_2$ 和 $MgSO_4$ 售价高昂，从经济角度考虑，它们也不适合大规模的工业应用，因此并不可取。

MgO 作为廉价镁源，其含镁量高达 60%，已被应用于不同污水的鸟粪石结晶过程。由于 MgO 未引入额外的阴离子，利用 MgO 作为镁源可以使处理后污水的盐度和电导率降至最低。但是，MgO 作为固体试剂，其必不可少的溶解过程不仅会减缓鸟粪石的结晶动力学，也易导致鸟粪石在 MgO 表面异相成核，形成鸟粪石壳层并抑制 MgO 的溶解，进而降低其利用效率。因而，为实现 MgO 的有效利用，研究者们提出了不同的策略，包括：①使用 MgO 作为双功能试剂，即 MgO 作为镁源和利用 MgO 的高碱度特性将其作为调节溶液 pH 的碱源；②将 MgO 与纯水混合制备悬浮液降低鸟粪石结晶成本；③在酸性介质或是磷酸盐中预溶解 MgO，并外加磷酸作为磷源提高 MgO 的利用效率。尽管如此，这也增加了鸟粪石结晶回收的操作成本。因而，需要进一步研究 MgO 作为鸟粪石结晶镁源的经济可行性。

5.1.3　化学沉淀法的应用

位于美国芝加哥的斯蒂克尼污水处理厂是世界上最大的二级处理污水处理厂，当年面临升级改造需要增设除磷工艺时，选择了化学沉淀结合生物除磷并打造了世界上最大的磷回收工厂，成为全球污水资源回收的新标杆。2016 年，该污水处理厂采用奥斯特拉的磷回收技术，如今其峰值处理能力为 529 万 m^3，实际平均日处理量约 270 万 m^3，大都市水回收区每年能回收生产 7500t 肥料，并以 Crystal Green（水晶绿）命名的品牌推向市场。

化学沉淀法有如下优点：以 MAP 沉淀法为例，其与生物处理结合后，曝气池不需要达到硝化阶段，曝气池体积比硝化-反硝化法可以减少约一半。氨氮在化学沉淀法中被沉淀去除，与硝化-反硝化法相比，能耗大大节省，反应也不受温度限制和有毒物干扰。该方法可以处理各种浓度的氨氮废水，如果产物 MAP 用作肥料，则可把水中的污染物（氨氮）转化为有用物质，在一定程度上降低处理费用。因此，MAP 沉淀法是一种技术可行，经济合理的氨氮废水处理方法，很有开发前景（表 5.2）。

表 5.2　部分污水中磷赋存情况及鸟粪石结晶法回收

序号	污水	PO₄-P 浓度/(mg/L)	NH₄-N 浓度/(mg/L)	镁源浓度/(mg/L)	pH 调节剂	P 回收率/%	NH₄⁺ 回收率/%
1	制革废水	12.3	2405	MgCl₂	NaOH	90	85
2	胭脂红染料废水	3490	2320	MgO	MgO	100	89
3	半导体废水	286	100	MgCl₂	NaOH	70	98
4	马铃薯加工业厌氧废水	43~127	208~426	MgCl₂	NaOH	19~89	81
5	酵母工业废水	17.4	161	MgSO₄	NaOH	83	81
6	牛粪废水	275~317	NR	MgCl₂	NaOH	82	NR
7	猪粪废水	42	234	MgCl₂	NaOH	89	70
8	尿液	240	6963	MgCl₂	NR	96	NR
9	垃圾渗滤液	10.5	1795	MgCl₂	NaOH	99	87
10	城市废水	1200	1150	MgCl₂	NaOH	87	98

注：NR 表示未提供相关信息。

　　从目前化学沉淀法开发现状来看，主要需解决以下问题：一是要寻找价廉高效的沉淀剂降低处理费用。化学沉淀法处理废水的费用主要在于购买药剂，如果能找到价廉高效的沉淀剂，则可望大大降低处理费用。二是开发 MAP 作为肥料的价值。很多文献中虽然已提到 MAP 可作为肥料使用，但只有通过大田实验验证了 MAP 的肥效，并使之实际应用到农业生产中，才能真正为化学沉淀法的副产物（MAP）找到出路，使化学沉淀法在废水处理中得到广泛应用。

5.2　折点氯化法

　　折点氯化法是将氯气或次氯酸钠通入含氨氮的废水，当通入量达到一定值时，废水中所含氯离子的量最少，氨氮的浓度趋近于零时，继续通入氯气会使溶液中游离氯浓度再次上升，该值点就称为折点，此时游离氯浓度在废水中也最低。这种消除氨氮的方法就称为折点氯化法。

　　在折点处，氯被还原，氨氮基本被氧化，继续加氯就会产生自由余氯。此法主要影响因素为温度、pH、接触时间以及氨氮与氯的量。反应方程式为

$$NH_4^+ + HClO \longrightarrow NH_2Cl + H^+ + H_2O \tag{5.2}$$

$$NH_2Cl + HClO \longrightarrow NHCl_2 + H_2O \tag{5.3}$$

$$2NH_2Cl + HClO \longrightarrow N_2 \uparrow + 3H^+ + 3Cl^- + H_2O \tag{5.4}$$

　　马金保等[18]针对用铵盐催化氧化法制备四氧化三锰过程中产生的某低浓度氨氮废水，使用折点氯化法去除废水中的氨氮。结果表明：在 pH = 7，次氯酸钠溶液与氨氮废水的体积比为 1∶800 时，反应时间为 10min 的条件下，废水中氨氮的去除率达到 98%以上。李婵君等[19]采用折点加氯法处理某含有低浓度氨氮的工业冶炼废水时发现，当

$pH = 5.5 \sim 6.5$，Cl_2 与 NH_4^+ 物质的量之比为 $8.0 : 1 \sim 8.2 : 1$，反应时间为 30min 的条件下，废水中氨氮的浓度降至 10mg/L 以下，达到了国家要求的氨氮废水排放标准。黄海明等[20]使用折点氯化法处理某稀土冶炼过程中产生的低浓度氨氮工业废水，结果表明，在 $pH = 7$，Cl^- 与 NH_4^+ 物质的量之比为 $7 : 1$，反应时间为 $10 \sim 15min$ 时，废液中氨氮的脱除率达到 98%。

折点氯化法常用于处理氨氮浓度较低的工业废水，或是对氨氮浓度较高的废水进行深度处理。与其他方法相比，该方法具有反应速度快、脱氮效果稳定、氨氮去除效率高等特点。但折点氯化法会产生副产物（氯胺、氯代有机物等），造成水体的二次污染，因而常与其他氨氮处理方法联合使用，以提升脱除效果。

5.3　光催化氧化氨

5.3.1　机理

光催化氧化技术处理氨氮废水的作用机理主要是指在紫外光或可见光照射下，半导体光催化材料产生的光生电子空穴对与吸附在催化剂表面的溶解氧和水等物质发生反应，生成强氧化性的羟基自由基（·OH），通过氧化-还原反应降解废水中的氨氮污染物，其最终反应产物为 N_2、少量的硝态氮和亚硝态氮。例如，在 TiO_2 光催化降解氨氮废水过程中，形成了具有强氧化性的羟基自由基（·OH）和超氧离子（O_2^-），加快了氧化还原反应（NO 还原、NH_3 的氧化）进程，最终产物主要是氮气和水。反应过程如下，其中·OH 与氨氮反应见式（5.5）～式（5.14），但具体的机理还有待进一步研究。

$$TiO_2 + h\nu \longrightarrow TiO_2\left(h_{vb}^+ + h_{cb}^-\right) \tag{5.5}$$

$$h_{vb}^+ + HO_2 \longrightarrow OH + H^+ \tag{5.6}$$

$$NH_4^+ + 2OH^- \longrightarrow NO_2^- + 3H_2 \tag{5.7}$$

$$2NO_2^- + O_2 \longrightarrow 2NO_3^- \tag{5.8}$$

$$NO_3^- + 2H^+ + 2e_{cb}^- \longrightarrow NO_2^- + H_2O \tag{5.9}$$

$$NO_3^- + 10H^+ + 8e_{cb}^- \longrightarrow NH_4^+ + 3H_2O \tag{5.10}$$

$$2NO_3^- + 12H^+ + 10e_{cb}^- \longrightarrow 2N_2 + 6H_2O \tag{5.11}$$

$$NH_3 + 6 \cdot OH \longrightarrow H^+ + NO_2^- + 4H_2O \tag{5.12}$$

$$NH_3 + 8 \cdot OH \longrightarrow H^+ + NO_3^- + 5H_2O \tag{5.13}$$

$$2NH_3 + \cdot OH \longrightarrow N_2 + H_2O + 5H^+ \tag{5.14}$$

5.3.2　半导体材料催化剂

（1）单质半导体材料。

国内外学者已对光催化氧化技术处理氨氮废水展开大量研究，特别是对光催化技术所需的半导体材料进行改性成为当前研究重点。半导体材料主要有单质半导体材料、复合半导体材料、光催化膜等。光催化技术处理低浓度氨氮废水的单质半导体材料以 TiO_2

系列、ZnO 系列催化剂为主。利用水热法制备 TiO$_2$ 处理初始浓度为 50mg/L 的氨氮模拟废水，通过紫外灯照射 2h，在催化剂使用量为 1.0g/L，初始 pH 为 11.0，曝气量为 150mL/min，温度为 60℃等最佳条件下，氨氮的降解率高于 90%。然而，TiO$_2$ 光催化降解氨氮的过程中仍存在不足，如 TiO$_2$ 粉末在水中易聚集、回收效率低下等问题需要进一步研究。

纳米 ZnO 在光催化剂中具有价格便宜、催化活性优良等优点。利用水热法制备的 ZnO 降解 50mg/L 的氨氮废水，在 125W 的汞灯光照作用下反应 4h，催化剂用量为 2.0g/L，初始 pH = 10.0，温度为 30℃时，溶液内氨氮的去除率可达 64.8%，同样条件下可见光催化降解氨氮的去除率仅为 18.3%，这是由于 ZnO 对可见光基本没有吸收效果，反应过程中无光生电子和空穴参与氧化氨氮的反应。

总体来说，单质半导体材料光催化降解低浓度氨氮废水的效果较好，但其降解过程中分散性差，在水中易发生团聚，难以回收利用且在可见光下几乎无催化效果。未来应研究优化单质半导体材料的方法，提高单质半导体材料在水溶液中的分散性，减少团聚现象，同时增强其对可见光的利用率，提升光催化效率。

（2）掺杂贵金属、过渡金属改性催化剂。

掺杂贵金属、过渡金属等方法对单质半导体光催化剂进行改性可提高光催化剂的催化性能以及氨氮转化为 N$_2$ 的选择性。例如，采用水解-沉淀法制备的光催化材料——Cu/La 共掺杂 TiO$_2$ 光催化剂降解 100mg/L 的氨氮模拟废水，在 H$_2$O$_2$ 浓度为 0.5mol/L，pH = 9.5，催化剂投加量为 1g/L 等最佳条件下，Cu/La 共掺杂 TiO$_2$ 光催化剂对溶液中氨氮的去除率可达到 90%以上。此外，B-SiO$_2$@TiO$_2$ 复合型催化剂在氨氮废水的降解过程中表现出较高的稳定性，如水样体积为 200mL，氨氮浓度为 50mg/L，催化剂用量为 0.1g，初始 pH = 8.0，温度为 35℃时，在模拟太阳光的照射下反应 510min，水样内氨氮的去除率可达 60.7%。

（3）三元复合或负载型半导体光催化剂。

三元复合或负载型半导体光催化剂也广泛应用于降解氨氮废水。三元复合半导体材料在氨氮废水的降解过程中表现出良好的稳定性，如 g-C$_3$N$_4$/Gr/TiO$_2$ 型光催化材料通过光催化氧化反应降解实验模拟废水的氨氮。其降解性能受氨氮浓度、反应溶液的 pH、GO∶g-C$_3$N$_4$ 比例等因素影响。例如，实验过程中以氙灯作为光源，调节光照强度至 100mW/cm^2，氨氮溶液的初始浓度为 50mg/L，材料比例为 GO∶g-C$_3$N$_4$ = 1∶10，pH 为 9.5 等最佳处理条件下，氨氮的平均去除率达到 96.80%，且催化材料在多次使用中依旧保持较高的催化效果。再比如，利用溶剂热法制备的 BiOI/BiOBr/1% MoS$_2$（质量分数），与 BiOBr 单体及 BiOI/BiOBr 复合材料相比，其光催化性能更加优越且具有更大的比表面积和孔容。实验过程中，采用氙灯作为光源，在最佳条件下 BiOI/BiOBr/1% MoS$_2$（质量分数）分别对 50mg/L NH$_4$Cl 溶液中氨氮的去除率达到 80.52%。将这些最佳条件下制备的 BiOI/BiOBr/1% MoS$_2$（质量分数）分别负载于玻璃纤维和碳布纤维得到的催化剂，对氨氮废水的去除率分别为 74.10%和 60.58%，且每次反应结束后用去离子水冲洗纤维布，并置于 60℃烘箱烘干后可重复实验。

三元复合或负载型半导体催化剂在氨氮废水的处理过程中表现出良好的稳定性和回

收性能。但在今后的研究中应充分考察负载材料的性质，更加注重负载型催化剂处理氨氮废水的研究，以提高其处理氨氮废水的光催化活性及稳定性，有效减少半导体催化剂的用量及避免二次污染。不同材料对低浓度氨氮废水的处理效果如表 5.3 所示。

表 5.3　不同材料对低浓度氨氮废水的处理效果

材料/方法名称	处理水样	原溶液氨氮浓度/(mg/L)	氨氮去除率/%
TiO_2(水热)	模拟氨氮废水	30	89.00
ZnO(水热)	模拟氨氮废水	50	64.80
ZnO-PMMA	模拟氨氮废水	50	66.00
$ZnFe_2O_4$/NG	模拟氨氮废水	100	92.84
BiOI/BiOBr/1%MoS_2	模拟氨氮废水	50	80.52
TiO_2-CuO/HSC	模拟氨氮废水	100	60.70
Fe_3O_4/ZnO-BC	模拟氨氮废水	50	80.50
GO-TiO_2 复合膜	常州太湖支浜	2.85	58.20
GO/(CeO_2-TiO_2)复合膜	常州太湖支浜	2.85	65.40

5.3.3　光催化工艺及应用

（1）光催化-膜分离耦合工艺。

光催化-膜分离耦合工艺可以有效解决光催化剂回收难的问题，同时能提高膜的抗污能力、分离能力、水通量及选择性等，还能抑制有机污染物在膜表面的吸附，增强膜的拉伸强度。例如，采用相转化法制备 CdS-PVDF/PSF 光催化膜，以刚果红为模拟污染物，考察膜通量和其在可见光照射下对刚果红的降解情况。在实验起始阶段（20min），PVDF/PSF 膜对刚果红的截留率为 93.1%，当反应至 120min 时，PVDF/PSF 膜对刚果红的去除率达到 41.5%，而相同条件下 CdS-PVDF/PSF[①]光催化膜对刚果红的截留率和去除率分别为 96.4%、76.1%，研究结果表明，光催化材料 CdS 的负载可增大膜孔隙、膜通量，且能有效改善膜污染问题。因此，许多学者研究将光催化-膜分离耦合工艺应用于氨氮废水的处理过程中。

已有研究表明，光催化复合膜对微污染水体中低浓度氨氮具有良好的处理效果。例如，采用水热法制得 GO/(CeO_2-TiO_2)复合材料，并借助真空抽滤法协同改性聚偏二氟乙烯（PVDF）基膜制备复合膜，光催化处理常州太湖支浜水体（氨氮浓度为 2.85mg/L）内的氨氮污染物。研究结果表明，以紫外灯为光源，当 CeO_2/TiO_2 比例为 1∶3 等最佳实验条件下，GO（GeO_2-TiO_2）复合膜光催化处理水样效果最佳，氨氮去除率最高可达 65.4%。另外，纳米 TiO_2 薄膜材料可实现对低浓度氨氮废水的良好氨氮处理效果。例如，采用溶胶-凝胶法制备以玻璃珠为载体的 TiO_2 光催化膜，发现合理增加负载次数可提高 TiO_2 薄膜的光催化活性，特别是在退火温度为 550℃，负载次数为 6 次，溶液 pH 为 4，反应时间为 120min 等最佳实验条件下，该材料对氨氮的降解效率可达 74.4%，但薄膜的重复使用会降低对氨氮的降解效果。

---

① CdS 为硫化镉纳米材料，增强膜的分离性能或赋予膜光催化功能；PSF 为聚砜，高分子基体，耐高温、抗压性好、亲水性优于 PVDF，常与 PVDF 共混改善膜性能。

　　光催化膜将光催化技术和膜分离技术耦合，能有效去除膜表面的有机污染物，同时提高膜分离效率。然而，当前光催化膜在水处理领域的研究大多聚焦于去除微污染水体内的有机物、阴离子、阳离子等，而针对水体中氨氮去除效果的研究相对较少，所以今后光催化膜处理低浓度氨氮废水具有广泛的研究前景。

　　（2）光催化-臭氧联合技术。

　　光催化-臭氧联合技术常用于处理低浓度氨氮废水，对氨氮污染物的降解效率明显高于半导体光催化剂单独降解氨氮废水的效率，且这种联用技术已成为光催化技术降解低浓度氨氮废水的研究热点之一。利用光催化-臭氧联合技术处理初始浓度为 35mg/L、pH = 11 的低浓度氨氮废水，在总光源功率为 12W，O_3 量为 30mg/min，AC/TiO_2 投加量为 10g/L 等最佳条件下，该废水内总氮的去除率＞90%。利用沉淀法制备的 MgO 催化剂催化臭氧，处理初始浓度为 35mg/L 的低浓度氨氮模拟废水时，在 MgO 投加量为 1g/L，pH 为 9，反应温度为 60℃，曝气时间为 2h，O_3 流量为 12mg/min 等最佳条件下，氨氮去除率高达 96%。另外，研究发现超声波可以强化光催化-臭氧联合技术降解低浓度氨氮废水的处理效果并缩短反应时间。通过超声使 Sr/Al_2O_3 催化臭氧氧化降解 pH 为 9.5，初始浓度为 50mg/L 的氨氮废水，在最佳反应条件下氨氮的降解率从 52.95%提高到 83.20%，且反应时间缩短 1/2。光催化-臭氧联合技术在处理氨氮废水的过程中可将部分亚硝酸盐氧化为低毒性的硝酸盐，但氨氮转化为 N_2 的选择性相对较低。与此同时，运用该技术处理氨氮废水的成本较高，故在今后研究过程中应考虑如何降低运行成本，提高 O_3 的利用率。

　　（3）光催化-电化学联合技术。

　　光催化技术和电化学技术的协同作用可提高废水内氨氮污染物的降解效率。首先，反应过程中的氯离子提高了溶液的导电性能，缩短了氨氮的降解时间。其次，次氯酸和次氯酸根可与氨氮污染物在电催化剂上发生反应，同时在光催化剂的作用下可加快反应过程中的电子转移速率，并产生一定量的次氯酸，使氨氮的降解能持续稳定地快速进行。利用光催化-电化学联合技术处理氨氮浓度为 23mg/L 的废水，酸性条件下该溶液能够产生更多的 HClO 使光催化-电化学联合技术的协同作用得到加强，在 pH 为 5，电流密度为 10mA/cm²，氯离子浓度为 100mg/L，反应时间为 90min 等最佳条件下，光催化-电化学联合技术处理氨氮的效果最好，达到 95%。另外，通过制膜方法将 Ru/TiO_2 光催化剂粉末涂覆于纯钛阴极板表面，干燥后成膜。涂膜后的阴极表现出更好的氨氮去除效果，在极板间距为 10mm，电流密度为 2.5mA/cm² 等最佳条件下对氨氮浓度为 100mg/L 的溶液的降解率超过 80%。光催化-电化学联合技术去除废水内氨氮污染物兼具光催化和电化学催化的特点，但合成处理效果优良的纳米材料电极工艺复杂且成本费用高，故该技术的工业化应用仍需进一步研究。

　　（4）超声波-光催化技术。

　　超声波技术常用于氨氮废水的预处理过程，以提高其生物可降解性。同时，超声波技术能在氨氮废水的处理过程中形成 H_2O_2，在声空化过程中产生·OH，使光催化材料发生裂解，增大其总表面积，进而提高光催化材料的光催化性能。利用超声波-光催化技术处理氨氮浓度约为 1000mg/L 的沼液，在光照时间为 1.0h，沼液 pH 为 8.0，流速为 4.0mL/s

的条件下进行光催化处理，再将其进一步在超声功率为 50W、超声时间为 3.0h 等最佳条件下进行超声波处理，最终其氨氮去除率可达 83.58%。超声波-光催化技术的降解效果明显优于单独光催化技术的氨氮处理效果（40.84%），故超声波-光催化技术实现了二者之间的协同效应，提高了废水中氨氮类有机污染物的降解率。另外，利用超声波-光催化技术处理氨氮模拟废水的实验过程中，发现在温度为 30℃，反应时间为 4h，TiO_2 投加量为 0.6g，pH 为 8.36，超声频率为 34.19kHz 等最佳条件下，对浓度为 123.81mg/L 的模拟氨氮废水中氨氮的去除率达到 91.68%，优于单独超声波或单独光催化处理该模拟废水的处理效果。总的来说，超声波和光催化的协同处理比任一单独处理效果更好。超声波辅助光催化不仅可以增强质子的传送能力，也能提高光催化材料的催化活性。因此，超声波-光催化技术处理氨氮废水是极具研究意义的方向。

参 考 文 献

[1]　Kim B U, Lee W H, Lee H J, et al. Ammonium nitrogen removal from slurry-type swine wastewater by pretreatment using struvite crystallization for nitrogen control of anaerobic digestion[J]. Water Science and Technology, 2004, 49(5/6): 215-222.

[2]　Le Corre K S, Valsami-Jones E, Hobbs P, et al. Agglomeration of struvite crystals[J]. Water Research, 2007, 41(2): 419-425.

[3]　Le Corre K S, Valsami-Jones E, Hobbs P, et al. Phosphorus recovery from wastewater by struvite crystallization: A review[J]. Critical Reviews in Environmental Science and Technology, 2009, 39(6): 433-477.

[4]　Bouropoulos N C, Koutsoukos P G. Spontaneous precipitation of struvite from aqueous solutions[J]. Journal of Crystal Growth, 2000, 213(3/4): 381-388.

[5]　Uludag-Demirer S, Demirer G N, Chen S. Ammonia removal from anaerobically digested dairy manure by struvite precipitation[J]. Process Biochemistry, 2005, 40(12): 3667-3674.

[6]　Buchanan J R, Mote C R, Robinson R B. Struvite control by chemical treatment[J]. Transactions of the ASAE, 1994, 37(4): 1301-1308.

[7]　Tünay O, Kabdasli I, Orhon D, et al. Ammonia removal by magnesium ammonium phosphate precipitation in industrial wastewaters[J]. Water Science and Technology, 1997, 36(2/3): 225-228.

[8]　Ohlinger K N, Young T M, Schroeder E D. Predicting struvite formation in digestion[J]. Water Research, 1998, 32(12): 3607-3614.

[9]　Siciliano A, Ruggiero C, De Rosa S. A new integrated treatment for the reduction of organic and nitrogen loads in methanogenic landfill leachates[J]. Process Safety and Environmental Protection, 2013, 91(4): 311-320.

[10]　Kabdasli I, Parsons S A, Tünaya O. Effect of major ions on induction time of struvite precipitation[J]. Croatica Chemica Acta, 2006, 79(2): 243-251.

[11]　Quintana M, Colmenarejo M F, Barrera J, et al. Use of a byproduct of magnesium oxide production to precipitate phosphorus and nitrogen as struvite from wastewater treatment liquors[J]. Journal of Agricultural and Food Chemistry, 2004, 52(2): 294-299.

[12]　Martí N, Pastor L, Bouzas A, et al. Phosphorus recovery by struvite crystallization in WWTPs: Influence of the sludge treatment line operation[J]. Water Research, 2010, 44(7): 2371-2379.

[13]　Wang H, Cheng G W, Song X W, et al. Pretreatment of high strength ammonia removal from rare-earth wastewater by magnesium ammonium phosphate(MAP)precipitation[J]. Advanced Materials Research, 2012, 496: 42-45.

[14]　Hao X D, Wang C C, van Loosdrecht M C, et al. Looking beyond struvite for P-recovery[J]. Environmental Soience & Techmology, 2013, 47(10): 4965-4966.

[15]　Saidou H, Korchef A, Ben Moussa S, et al. Study of Cd^{2+}, Al^{3+}, and SO_4^{2-} ions influence on struvite precipitation from synthetic water by dissolved CO_2 degasification technique[J]. Open Journal of Inorganic Chemistry, 2015, 5(3): 41-51.

[16] Muryanto S, Bayuseno A P. Influence of Cu^{2+} and Zn^{2+} as additives on crystallization kinetics and morphology of struvite[J]. Powder Technology, 2014, 253: 602-607.

[17] Kataki S, West H, Clarke M, et al. Phosphorus recovery as struvite from farm, municipal and industrial waste: Feedstock suitability, methods and pre-treatments[J]. Waste Management, 2016, 49: 437-454.

[18] 马金保, 鲁俊, 陈思学. 折点氯化法处理四氧化三锰工业污水[J]. 中国锰业, 2013, 31(2): 49-51.

[19] 李婵君, 贺剑明. 折点加氯法处理深度处理低氨氮废水[J]. 广东化工, 2013, 40(20): 43-44.

[20] 黄海明, 肖贤明, 晏波. 折点氯化处理低浓度氨氮废水[J]. 水处理技术, 2008, 34(8): 63-65.

第6章　藻菌体系处理高氨氮废水

近年来，水环境中营养物质浓度的增加对人类健康造成了极大威胁。微藻因其具有高效去除营养物质的能力，在氨氮废水处理中的应用已越来越受到学者的关注。微藻是单细胞光合生物，其大小从几微米到几百微米不等，被认为是任何水生生态系统中最重要的初级生产者[1]。从系统发育学角度来看，微藻包括许多不同类群，存在于各种水生和陆生栖息地中，代表了一大类能够适应广泛环境的生物。微藻具有光合效率高、生长周期短、经济价值高等优势，且在处理氨氮废水过程中，可通过自身的同化吸收作用去除氨氮[2]。在藻类生物量中发现了丰富的生物活性化合物，例如蛋白质、多不饱和脂肪酸（polyunsaturated fatty acid，PUFA）、色素、维生素和矿物质，以及寡糖等细胞外化合物。特别是微藻积累了高含量的脂类物质，通常占干重的10%～50%，但在一些属中，如球藻属脂类物质的含量可达到干重的60%～90%[3]。由于快速的生长速率，这些微生物可在封闭生物反应器或开放系统中轻松培养，并实现高生物量产量，且它们的培养不与传统农业使用的资源竞争。利用微藻体系处理氨氮废水时，需考虑微藻对氨氮浓度的耐受性，避免其在处理过程中受到氨氮毒性的影响[4]。藻菌体系处理废水的技术可通过藻菌间的相互作用和协同效应，进一步提高废水处理过程中营养物质的去除效率。

本章探讨藻菌体系中氨的转化及其在废水处理中的可持续利用问题，综述该体系应用于废水氨去除的最新进展，旨在提供藻菌体系在氨去除过程中的作用及其在藻类新陈代谢转化中的新知识。

6.1　微藻体系

目前，微藻体系处理氨氮废水的相关研究较多。研究表明，微藻能有效处理生活、农业、制药、食品、电镀等行业的高氨氮废水，且处理后收获的微藻可用于生物沼气、生物柴油等再生产品[5, 6]。赵文豪等[7]研究了三种不同小球藻去除亚硝态氮和氨氮的能力，结果表明三种小球藻均能在不同质量浓度的氨氮和亚硝态氮环境中生长，并表现出良好的耐受性与去除效果。微藻技术在城市生活氨氮废水的处理中应用较为广泛。Li 等[8]研究发现，小球藻对城市生活高浓度氨氮废水的处理效率较高，氨氮去除率可达到93.9%。微藻在农业废水处理中的应用也是近年来的研究热点之一。姜红鹰等[9]利用小球藻处理不同氨氮初始浓度的模拟养殖废水，最终氨氮去除率均可达到80%以上。姜红菊等[10]通过多次废水驯化测试，验证了小球藻 BD09 能有效去除猪场废水中的高氨氮，氨氮去除率保持在 75%以上。许多研究从原废水中分离筛选藻种用于处理废水，无须对微藻进行驯化即可达到理想的处理效果。程海翔[11]从养猪场废水中分离得到一株栅藻，用其处理稀释后的猪场沼液，最终沼液的氨氮去除率达到98.2%。Wen[12]等从猪场沼液中分离出小球藻用于处理猪场沼液，12天内总氮去除率为90.51%。

6.1.1 微藻氮源和氨的利用过程

氮是所有生物体分子中的重要组成部分。在环境中，氮在水、大气和土壤中以不同的浓度和形式（N_2、NH_4^+、NO_3^-、NO_2^-）和有机氮（如尿素、氨基酸和肽）之间循环[13]。N_2是地球上最丰富的氮形式（大气中约占78%），但只能被有限数量的细菌和古细菌利用，对于微藻和植物来说，它代表着一种无法利用的氮源。环境中可利用的无机氮源包括铵盐、硝酸盐和亚硝酸盐，它们在不同栖息地中以不同的浓度存在。在环境中，硝酸盐对植物细胞来说是最丰富的氮源[14]。然而，微藻通常能够根据环境中氮源的可用性，以及它们所属的物种来利用不同的氮源。在通气的土壤中，硝酸盐浓度可能变化（10～100mg/kg），但铵浓度通常相当低（<1mg/kg），因为它会被细菌迅速转化为硝酸盐。在一些酸性或厌氧环境中，铵成为主要的无机氮形式。在海洋水域中，硝酸盐的估计浓度为7～31μmol/L；铵的浓度为0.001～0.3μmol/L；亚硝酸盐的浓度为0.006～0.1μmol/L[15]。

在植物细胞中，无机氮同化为氨基酸和蛋白质需要能量和有机骨架。微藻等更偏好NH_4^+，因为将NH_4^+还原为有机物的代谢成本比其他氮形式的还原成本低。微藻使用铵可避免由于硝酸盐/亚硝酸盐还原以及硝酸还原酶（NR）和亚硝酸还原酶（NiR）的产生而导致的能量消耗[16]。实际上，与硝酸盐相反，NH_4^+进入细胞后直接通过谷氨酰胺合成酶（GS）-谷氨酸合酶（GOGAT）途径并入氨基酸中（图6.1）。某些绿藻在特定条件下还通过烟酰胺腺嘌呤二核苷酸磷酸（NADP）-谷氨酸脱氢酶（GIDH）途径。然而，一些微藻，如葡萄藻（*Botryococcus braunii*）和杜氏藻（*Dunaliella tertiolecta*），更偏好硝酸盐作为无机氮源，在NH_4^+存在的情况下生长减缓。此外，NH_4^+不仅是一种重要的营养物质，还是细胞响应的环境信号。例如在小球藻中，与4mg/L NH_4^+相比，GS的表达水平在10mg/L NH_4^+的作用下上调了6.4倍，证实了GS在NH_4^+同化中的关键作用[17]。

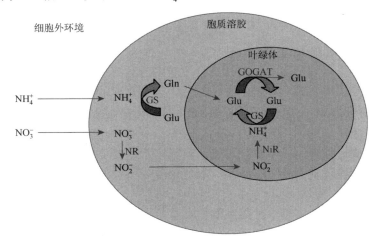

图6.1 NH_4^+进入细胞的过程

Gln：谷氨酰胺；Glu：谷氨酸

Kronzucker[18]等研究发现，NH_4^+ 对质膜的直接影响，使得对硝酸盐吸收有短期抑制作用，且在暴露几分钟内显现出来。硝酸盐吸收的抑制是一个高度变化的过程，取决于物种的生理状态以及环境条件。事实上，对于一些浮游植物物种来说，浓度为 100～300nmol/L 的 NH_4^+ 足以完全抑制硝酸盐的吸收，但在其他水生微生物中，为达到相同的效果，有时可能需要高达 1～2μmol/L 的浓度。硝酸盐运输的抑制可能是由 NH_4^+ 同化产物（如谷氨酰胺）积累所引起[19]。在蓝藻中，NH_4^+ 的可用性会立即抑制硝酸盐的吸收，特别是双特异性硝酸盐/亚硝酸盐转运蛋白 NRT（如 ABC 型转运蛋白 NrtABCD）及 NR 和 NiR 蛋白会被抑制。相反，在以 NH_4^+ 作为唯一无机氮源的培养基中生长的酸性藻类嗜酸衣藻（*Chlamydomonas acidophila*），其 NR 活性较低但并未完全消失。NH_4^+ 饱和的细胞在 N 缺乏后显示出比 NO_3^- 培养的细胞更高的 NR 活性[16]。尽管 NH_4^+ 的吸收通常较快且优先于其他形式的氮，但在高浓度和长时间暴露情况下可能对藻类细胞具有毒性，并导致生长抑制。

6.1.2　铵/氨平衡及其对微藻的影响

微藻的光合作用类似于高等植物，与陆地作物相比，其效率更高，能更有效地将太阳能转化为化学能。微藻的光合作用和生长受到多种因素的影响，包括光照供应、温度、pH、无机碳的可用性、盐度和营养物质。特别是在营养物质中，氮被认为是植物细胞生长的关键元素之一，因为它是蛋白质、肽、酶、叶绿素和能量传递分子的组成部分。

在环境中，氨代表一种具有极高溶解度的挥发性分子［在 25℃和标准大气压下，氨在水中的溶解度大约是 34%（质量分数）］，很容易以液体溶液的形式存在。在水中，铵和氨的总和代表了构成氨/铵缓冲系统的总氨氮（TAN），如下公式所示：

$$NH_4^+ + OH^- \rightleftharpoons NH_3 + H_2O \tag{6.1}$$

铵和氨之间的平衡取决于一些参数（水的 pH、温度、盐度）。在 25℃时，铵/氨缓冲系统的离子解离常数（pK_a）为 9.26。当介质的 pH 小于 9.26 时，氢离子与氨结合生成铵离子，铵离子成为介质中的主要物种（图 6.2）[20]。随着 pH 升高，氨浓度显著增加。在自然水体中，由于近中性 pH 的普遍存在，铵的浓度比氨高得多。据估计，在海水中（pH 为 8.00，20℃），约 90%的总氨氮以铵离子的形式存在[21]。根据 Erikson[22]的说法，铵/氨比例在每升高 1 个 pH 单位时降低为原来的 1/10，在 0～30℃之间每升高 10℃的温度时增加 2 倍。

6.1.3　微藻在氨氮废水处理领域的应用

微藻与废水处理集成为一体，为降低处理成本、回收养分以及获取可持续利用的生物产品（蛋白质、色素、脂质、碳水化合物、生物燃料等）提供了途径。在废水处理中，使用适当的微藻种类可实现有价值生物产品的高积累，同时不影响细胞的生长和生物量的增加。有学者发现在厌氧消化的餐厨废水中生长的微藻 *Scenedesmus*（株系 SDEC8），比在相同培养基中生长的 *Scenedesmus*（株系 SDEC13）积累更多的生物量[23]。在废水处理中选择适当的藻类和株系对于生物量或生物分子的生产至关重要，但不同物种在各种废水中的生长能力存在差异。

根据 Rinna 等[24]的研究，在生活废水中生长的 *Botryococcus braunii*（株系 LB572）不仅表现出高效的氮消耗，而且在饱和脂肪酸方面也表现出有效的细胞内脂质生产和积累。

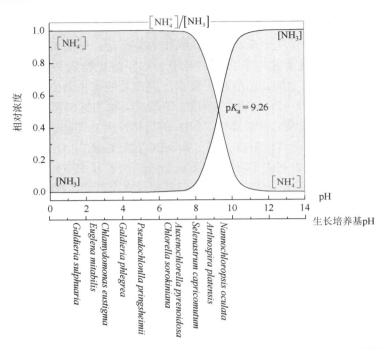

图 6.2　pH 对 25℃下水中 NH_4^+/NH_3 解离平衡的影响，以及部分微藻 pH 生长的最佳条件

注：*Nannochloropsis oculata*—眼点微绿球藻；*Arthrospira platensis*—钝顶节旋藻；*Selenastrum capricornutum*—羊角月牙藻；*Auxenochlorella pyrenoidosa*—蛋白核辅助小球藻；*Chlorella sorokiniana*—索氏小球藻；*Pseudochlorella pringsheimii*—普氏假小球藻；*Galdieria phlegrea*—弗莱格红溪藻；*Chlamydomonas eustigma*—忧衣藻；*Euglena mutabilis*—可变裸藻；*Galdieria sulphuraria*—嗜硫红溪藻

　　在低成本培养基中培养藻类是必要的，以降低微藻培养的成本，使生物燃料生产更经济和环保。对于 *Chlorella vulgaris*（普通小球藻）来说，在城市废水中培养的细胞的生物量和脂质含量与基础培养基相比更高。*Chlorella ellipsoidea*（椭圆球藻）和 *Scenedesmus* sp.（栅藻属）这样的微藻在二次排放的生活废水中培养时达到的脂质积累最高，其氮含量较低[25]。在某些微藻物种中，脂质含量在氮缺乏条件下可以达到 80%。通常在废水中采用两阶段培养，其中在第二阶段的氮饥饿条件下脂质含量增加，提高脂质生产力[26]。

　　藻类生物量还构成了色素的宝贵来源，主要是叶绿素和类胡萝卜素。利用屠宰废物异养培养的 *Phormidium autumnale*（秋毛鞘藻）实现了 10^8 t/a 的类胡萝卜素的工业规模生产量[27]。在养猪废水中生长的 *Thermosynechococcus* sp.（热聚球藻属）获得了令人满意的藻蓝蛋白和类胡萝卜素的量。另外，蓝藻 *Arthrospira platensis* 和红藻 *Porphyridium* sp.（紫球藻属）和 *Galdieria* sp.（红溪藻属）是藻蓝蛋白的主要生产者。藻蓝蛋白作为抗氧化剂和抗炎分子具有很高的商业价值，并且是食品、保健品和药品用途的安全成分，但从废水中培养的微藻中生产这些色素尚未得到广泛探索。*Nostoc* sp.（念珠藻属）、*Arthrospira platensis* 和 *Porphyridium purpureum*（紫紫藻属）能高效处理食品工业废水，实现藻蓝蛋白积累。许多微藻种类，如 *Chlorella* sp.、*Arthrospira platensis*、*Scenedesmus* sp.、*Botryococcus braunii* 等，都表现出在废水中高效去除养分的能力，并产生有价值的分子[28]。微藻在废水处理中的利用还需要进一步研究，但为减缓污染物排放和可持续的生物分子生产方面开辟了巨大的可能性。

6.2　藻菌体系

除了微藻体系外，还有学者研究利用藻菌体系处理高氨氮废水。藻菌体系处理废水的技术可以通过藻菌间相互作用和协同效应，进一步提高废水处理过程中营养物质的去除效率。在藻菌共生系统中，微藻通过光合作用产生 O_2 供好氧细菌和真菌进行呼吸作用，而好氧细菌和真菌通过呼吸作用又会产生 CO_2 或低分子有机物，为微藻生长提供碳源，同时微藻和细菌也会各自分泌一些代谢产物来促进对方生长，实现互利共生。在利用微藻体系处理氨氮废水时，需要考虑藻和菌对氨氮浓度的耐受性，避免其在处理过程中受到氨氮毒性影响。

6.2.1　藻菌体系处理氨氮废水的机理

藻菌体系具有丰富的生物多样性，使得附着的微藻与菌群内部产生许多相互作用过程，包括微藻和细菌的间协同作用及对营养物和空间的竞争或拮抗作用，它们通过不同方式影响彼此的生长[29]。因此，藻菌体系内部复杂的相互作用维持了群落结构的稳定性，并可长期保持良好的生态功能。

微藻与细菌之间的协同作用主要体现为微生物的代谢、生长以及污染物的去除能力。微藻通过提供有机碳（包括碳水化合物和蛋白质）维持细菌的生长，而细菌消耗体系中的 O_2 并释放 CO_2，进而促进藻类生长[30]。同时，细菌将有机物分解成矿物质，分泌胞外代谢产物（如生长素和维生素 B_{12}）。这些物质均为微藻生长所必需。藻和菌通过营养物质交换，不仅提升了藻菌体系去除废水中污染物的效率，还降低了藻类生物质收获成本和曝气成本。藻菌共生关系如图 6.3 所示，硅藻 *Pseudo-nitzschiamultiseries* PC9 与共生细菌 *Sulfitobacter* sp.SA11 存在复杂的营养物质交换，该过程提高了两者的生存能力。Park 等[31]发现，在椭球小球藻中添加短波单胞菌属会延长其指数生长期，小球藻的生物量增加 50 倍；短波单胞菌属与椭圆小球藻共培养 4 天后，该菌经历第二次指数生长期，细胞密度是单独培养的 5 倍。

微藻和细菌之间也普遍存在竞争和拮抗作用。一些微藻代谢物具有杀菌作用，如绿藻蛋白对革兰氏阳性菌和革兰氏阴性菌均有杀菌作用。同样，一些细菌会分泌链霉素等有毒活性物质，影响微藻光合作用相关基因的转录，阻碍微藻的电子传递。此外，在碳源有限的条件下，硝化细菌和微藻会发生对 CO_2 的竞争。因此，不同种类的藻菌体系之间的相互作用是调节种群结构和对外界条件的响应机制。

据报道，不同类型的含氮化合物可改变微生物的多样性，从而影响藻菌体系中微藻与细菌的协同作用。在氨氮废水中，以氨氮形式存在的氮占比较大。氨氮在微藻-细菌体系中的去除主要通过三个机制：其一，氨氮被氧化成亚硝酸盐和硝酸盐；其二，被微藻或异养细菌同化；其三，在高 pH 和曝气条件下以 NH_3 的形式挥发。自养细菌（一般称为硝化细菌）在好氧过程中对氨氮进行硝化作用，产生亚硝酸盐和硝酸盐，而异养细菌和藻类则主要通过同化作用将氨同化为自身生物质。硝化细菌通过以下反应将氨氮转化为亚硝酸盐氮，再把亚硝酸盐氮转化为硝酸盐氮：

$$2NH_3 + 3O_2 \longrightarrow 2H^+ + 2NO_2^- + 2H_2O \qquad (6.2)$$

$$2NO_2^- + O_2 \longrightarrow 2NO_3^- \qquad (6.3)$$

微藻对硝态氮的去除是将硝酸盐还原为氨氮，然后用于自身细胞合成。微藻细胞含有 5%～10%的氮，可通过同化途径利用硝酸盐用于细胞生长，而异养细菌降解有机碳能促进硝酸盐的还原。对自养细菌而言，需要大量能量来吸收无机碳和硝酸盐进行细胞合成。因此，生物量和脱氮量很难达到较高的水平。细菌可通过反硝化作用去除硝态氮，虽然反硝化作用主要发生在缺氧条件下，但有些细菌也可在氧气存在的情况下还原硝酸盐。

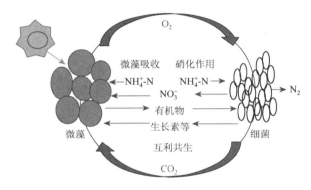

图 6.3 藻菌共生关系图

6.2.2 藻菌体系处理氨氮废水的影响因素

藻菌体系在处理氨氮废水的过程中受多种因素影响。通过认识这些影响因素来设置合理的工艺参数，对提升藻菌体系稳定性以及保证工艺高效稳定运行具有重要意义。已知影响因素主要包括氨氮浓度、碳氮比、藻菌接种比及光照等。

（1）氨氮浓度。

氨氮浓度是影响微藻与细菌相互作用的重要参数之一。在低氨氮浓度下，微藻可能对硝化细菌产生不利影响，细菌和微藻对氨氮的竞争是造成这种相互作用的主要原因。在微藻和硝化细菌共培养过程中，由于对 NH_3-N 的竞争，氨氧化细菌的数量显著下降。当 NH_3-N 浓度约为 150mg/L 时，小球藻对细菌硝化作用的抑制率为 77%。而在不限制氨氮的情况下，微藻与硝化菌之间的相互作用却表现出正向的效果。

（2）碳氮比。

在有机碳氮比较高的情况下，异养菌在混合培养中占优势，会消耗体系中的溶解氧和营养盐，导致硝化细菌的种群数量减少，硝化效率降低。由于异养细菌对有机碳利用率较高，它们会保持很高的生物量增长率。例如，当体系中初始 COD 浓度为 550mg/L，NH_3-N 浓度为 40mg/L 时，最终体系对 NH_3-N 去除率仅为 43%。在藻菌体系中，微藻可以通过提供溶解氧促进硝化细菌和异养细菌生长。然而，在 C/N 比较高的情况下，藻类在与异养细菌的竞争中占据劣势，导致产氧不足。只有当系统中存在充足的氨和有限的有机碳时，藻菌之间的协同作用才能更高效地去除废水中的氨氮。

（3）藻菌接种比。

藻菌接种比也是影响藻菌体系处理氨氮废水效率的重要因素之一。研究发现，利用不同接种比的小球藻和地衣芽孢杆菌体系处理合成废水时，细菌添加量越大，微藻的叶绿素含量越高，污染物去除效率也越高。Sepehri 等[32]利用普通小球藻和富硝化菌活性污泥体系处理低 C/N 废水的实验结果表明，当普通小球藻与富硝化活性污泥的接种比为 1：9 时，体系对氨氮的去除率最高。Su 等[33]的实验表明，当藻菌接种比为 5：1 和 1：1 时，同化作用是脱氮的主要机制；而在藻菌接种比为 1：5 时，硝化过程起主要作用。当微藻与活性污泥的接种比接近 1：1 时，微藻细胞吸收去除氨氮的量比硝化过程去除的氨氮多出 2 倍。通过不同研究结果可以看出，当采用的微藻和细菌种类不同时，处理废水的最佳藻菌比也具有较大差别。

（4）光照。

光照包括光照强度、波长及光周期等，是影响藻菌体系处理氨氮废水的另一个重要参数。Arcila 等[34]研究了污水处理过程中光照强度对藻菌间相互作用的影响，观察到最高光强实验组对废水的处理效果较差，TN 和 COD 去除率较低，仅为 36%和 50%。有研究表明，藻菌颗粒污泥体系在光照度为 3000lx 的条件下，其絮凝团过大影响微藻的光合作用。Jia 和 Yuan 研究了 24h 连续光照和 16h：8h 光暗循环两种光周期对光序批式反应器（photosynthetic sequencing batch reactor，PSBR）中藻菌系统除氨性能的影响[35]，实验结果表明光照时间越长，生物量增长率越高，而单位生物量硝化速率越低。生物量的增加导致体系中微藻受光不足，影响 O_2 的产量，从而导致硝化细菌活性降低。

藻菌体系的各种优越性使其在处理氨氮废水的应用越来越多。例如，普通小球藻-根瘤菌体系对氮磷的去除率优于单一的微藻体系，且能提高微藻生物量和脂质含量。斜生栅藻和灵芝菌结合形成藻菌共生体系处理沼液，在最佳的影响因素条件下，对沼液总氮去除率达到 77%。在处理不同浓度的畜禽养殖废水时，藻菌体系对氨氮和总磷的去除效果与藻类浓度相关性较高。在处理模拟畜禽养殖废水时，利用藻菌包埋固定化技术，同时优化藻菌固定小球的相关参数，在最优参数条件下对总氮去除率达到 89.55%。利用小球藻和 EM 菌进行包埋固定，并对比了单一小球藻、单一 EM 菌、悬浮小球藻-EM 菌体系及固定化藻菌球对模拟养殖废水的处理效果，结果显示，藻菌体系优于单一小球藻和单一 EM 菌体系，且固定化藻菌球对氮磷的去除率优于悬浮小球藻-EM 菌体系等[36]。王书亚等[37]从小球藻处理沼液的过程中分离出五种细菌，然后探究了小球藻菌体系间的相互作用及对废水的处理效果，发现分离出的五种细菌均有利于小球藻的生长，综合比较，这几种藻菌体系对废水的处理效率均优于各自的纯培养体系。王华光等[38]利用垃圾渗滤液中分离出的两株芽孢杆菌分别与小球藻相结合处理垃圾渗滤液配制废水，结果表明，芽孢杆菌 SL_1-小球藻体系及芽孢杆菌 SL_2-小球藻体系对氨氮的去除率分别为 92%和 72%，均明显优于单一小球藻体系。此外，藻菌光生物反应器废水处理技术也越来越受到关注，例如，藻菌光生物反应器处理猪场废水过程中微藻种群结构和反应器工艺性能评价分析显示：在水力停留时间为 27 天的条件下，四个反应器处理猪场废水期间微藻种群动态稳定，验证了藻菌反应器处理畜禽养殖废水的稳定性。

多藻体系可以增强微藻对高氨氮等外界不良环境的耐受性。García[39]等从奶牛场废水中筛选出多种微藻共生体，其在去除奶牛场废水的过程中对营养物质的去除率可达到98%。Luo 等[40]开发出一种新型的平板连续流敞开式光生物反应器（FPCO-PBR），其对猪场沼液中氨氮的去除率高达 95%。Mulbry 等[41]利用户外跑道光生物反应器中的丝状绿藻处理牛粪废水，测定了牛粪废水养分含量和养分回收值，相较于传统处理厂，成本较低。

6.3 藻菌体系处理氨氮废水的挑战

藻菌共生技术在氨氮废水处理中的应用仍处于研究阶段，其在工程上的规模化应用还面临诸多挑战。首先，藻菌体系在不同类型氨氮废水中的适应性问题是需要解决的关键点之一。不同的微藻和细菌在生长过程中所需的适宜温度、pH 及营养物质浓度等存在差异，因此，针对不同类型的氨氮废水选择合适的藻菌体系，更有利于提高废水的处理效率及生物质收获效率。研究表明，盐度会影响藻菌体系的沉降性和稳定性，因而选择某些耐受性较高的微藻与细菌相结合，才能更好地处理盐度高的氨氮废水。其次，废水中氨氮浓度过高对微藻有毒害作用，而不同种类的微藻对氨氮的耐受性不同，选择合适的藻菌体系更有利于去除氨氮浓度较高的废水。在处理某些颜色较深的氨氮废水时，还需要避免其对微藻光合作用的影响，实际处理过程中常需设置预处理方案，例如过滤、离心、稀释等操作。

另外，保持藻菌体系中群落结构的稳定性是该体系高效处理氨氮废水的关键。要提高藻菌体系在实际工程中运用的稳定性，不仅要了解藻和菌两者间的相互作用，还要充分掌握外界环境条件的影响。虽然某些细菌能促进藻类的生长和提高废水中营养物质的去除率，但该体系在长期运行过程中会受到非目标细菌大量繁殖的挑战——体系中可能只有少数细菌有利于藻类的生长，当其他有害细菌成为优势菌种时会导致体系的崩溃，从而影响废水的处理效率。随着季节的变化，温度波动也会影响藻菌体系的结构和废水处理效率，例如温度的突然升高可能直接导致微藻和细菌的大量死亡，进而导致体系处理废水的性能大大削弱。

参 考 文 献

[1] Salbitani G, Carfagna S. Ammonium utilization in microalgae: A sustainable method for wastewater treatment[J]. Sustainability, 2021, 13(2): 956.

[2] Mata T M, Martins A A, Caetano N S. Microalgae for biodiesel production and other applications: A review[J]. Renewable and Sustainable Energy Reviews, 2010, 14(1): 217-232.

[3] de Morais M G, da Fontoura Prates D, Moreira J B, et al. Phycocyanin from microalgae: Properties, extraction and purification, with some recent applications[J]. Industrial Biotechnology, 2018, 14(1): 30-37.

[4] 李苏洁, 陈姗姗, 栾天罡. 藻菌共生处理污水的机制与应用研究进展[J]. 微生物学报, 2022, 62(3): 918-929.

[5] Raghuvanshi S, Bhakar V, Chava R, et al. Comparative study using life cycle approach for the biodiesel production from microalgae grown in wastewater and fresh water[J]. Procedia CIRP, 2018, 69: 568-572.

[6] Chang Y Y, Wu Z C, Bian L, et al. Cultivation of *Spirulina platensis* for biomass production and nutrient removal from synthetic human urine[J]. Applied Energy, 2013, 102: 427-431.

[7]　赵文豪, 田启文, 唐维, 等. 三种不同小球藻去除亚硝态氮和氨氮能力的研究[J]. 工业微生物, 2021, 51(1): 36-42.

[8]　Li Y C, Chen Y F, Chen P, et al. Characterization of a microalga *Chlorella* sp. well adapted to highly concentrated municipal wastewater for nutrient removal and biodiesel production[J]. Bioresource Technology, 2011, 102(8): 5138-5144.

[9]　姜红鹰, 周玉玲, 张桂敏, 等. 普通小球藻对养殖污水脱氮除磷的效果研究[J]. 生物资源, 2017, 39(3): 204-210.

[10]　姜红菊, 李步社, 韩雪峻, 等. 猪场污水微藻处理方法在华东地区的试验[J]. 国外畜牧学(猪与禽), 2021, 41(1): 20-25.

[11]　程海翔. 一株栅藻的分离培养及其应用于养猪废水处理的潜力研究[D]. 杭州: 浙江大学, 2013.

[12]　Wen Y M, He Y J, Ji X W, et al. Isolation of an indigenous *Chlorella vulgaris* from swine wastewater and characterization of its nutrient removal ability in undiluted sewage[J]. Bioresource Technology, 2017, 243: 247-253.

[13]　Mandal S, Shurin J B, Efroymson R A, et al. Functional divergence in nitrogen uptake rates explains diversity–productivity relationship in microalgal communities[J]. Ecosphere, 2018, 9(5): e02228.

[14]　Sanz-Luque E, Chamizo-Ampudia A, Llamas A, et al. Understanding nitrate assimilation and its regulation in microalgae[J]. Frontiers in Plant Science, 2015, 6: 899.

[15]　Ouyang Y, Norton J M, Stark J M, et al. Ammonia-oxidizing bacteria are more responsive than Archaea to nitrogen source in an agricultural soil[J]. Soil Biology and Biochemistry, 2016, 96: 4-15.

[16]　Lachmann S C, Mettler-Altmann T, Wacker A, et al. Nitrate or ammonium: Influences of nitrogen source on the physiology of a green *Alga*[J]. Ecology and Evolution, 2019, 9(3): 1070-1082.

[17]　Liu Q, Chen X B, Wu K, et al. Nitrogen signaling and use efficiency in plants: What's new? [J]. Current Opinion in Plant Biology, 2015, 27: 192-198.

[18]　Kronzucker H J, Glass A D M, Yaeesh S M. Inhibition of nitrate uptake by ammonium in barley. analysis of component fluxes[J]. Plant Physiology, 1999, 120(1): 283-292.

[19]　L'Helguen S, Maguer J F, Caradec J. Inhibition kinetics of nitrate uptake by ammonium in size-fractionated oceanic phytoplankton communities: Implications for new production and f-ratio estimates[J]. Journal of Plankton Research, 2008, 30(10): 1179-1188.

[20]　Wang J, Zhou W, Chen H, et al. Ammonium nitrogen tolerant *Chlorella* strain screening and its damaging effects on photosynthesis[J]. Frontiers in Microbiology, 2019, 9: 3250.

[21]　Collos Y, Harrison P J. Acclimation and toxicity of high ammonium concentrations to unicellular algae[J]. Marine Pollution Bulletin, 2014, 80(1/2): 8-23.

[22]　Erickson R J. An evaluation of mathematical models for the effects of pH and temperature on ammonia toxicity to aquatic organisms[J]. Water Research, 1985, 19(8): 1047-1058.

[23]　Yu Z, Song M M, Pei H Y, et al. The growth characteristics and biodiesel production of ten algae strains cultivated in anaerobically digested effluent from kitchen waste[J]. Algal Research, 2017, 24: 265-275.

[24]　Rinna F, Buono S, Cabanelas I T D, et al. Wastewater treatment by microalgae can generate high quality biodiesel feedstock[J]. Journal of Water Process Engineering, 2017, 18: 144-149.

[25]　Yang J, Li X, Hu H Y, et al. Growth and lipid accumulation properties of a freshwater microalga, *Chlorella* ellipsoidea YJ1, in domestic secondary effluents[J]. Applied Energy, 2011, 88(10): 3295-3299.

[26]　Meng T K, Kassim M A, Cheirsilp B. Mixotrophic cultivation: Biomass and biochemical biosynthesis for biofuel production[M]//Microalgae Cultivation for Biofuels Production. Amsterdam: Elsevier, 2020: 51-67.

[27]　Rodrigues D B, Flores É M M, Barin J S, et al. Production of carotenoids from microalgae cultivated using agroindustrial wastes[J]. Food Research International, 2014, 65: 144-148.

[28]　Arashiro L T, Boto-Ordóñez M, Van Hulle S W H, et al. Natural pigments from microalgae grown in industrial wastewater[J]. Bioresource Technology, 2020, 303: 122894.

[29]　Zuñiga C, Zaramela L, Zengler K. Elucidation of complexity and prediction of interactions in microbial communities[J]. Microbial Biotechnology, 2017, 10(6): 1500-1522.

[30]　González-Camejo J, Barat R, Pachés M, et al. Wastewater nutrient removal in a mixed microalgae–bacteria culture: Effect of

light and temperature on the microalgae–bacteria competition[J]. Environmental Technology, 2018, 39(4): 503-515.

[31] Park Y, Je K W, Lee K, et al. Growth promotion of *Chlorella* ellipsoidea by co-inoculation with *Brevundimonas* sp. isolated from the microalga[J]. Hydrobiologia, 2008, 598(1): 219-228.

[32] Sepehri A, Sarrafzadeh M H, Avateffazeli M. Interaction between *Chlorella vulgaris* and nitrifying-enriched activated sludge in the treatment of wastewater with low C/N ratio[J]. Journal of Cleaner Production, 2020, 247: 119164.

[33] Su Y Y, Mennerich A, Urban B. Synergistic cooperation between wastewater-born algae and activated sludge for wastewater treatment: Influence of algae and sludge inoculation ratios[J]. Bioresource Technology, 2012, 105: 67-73.

[34] Arcila J S, Buitrón G. Influence of solar irradiance levels on the formation of microalgae-bacteria aggregates for municipal wastewater treatment[J]. Algal Research, 2017, 27: 190-197.

[35] Jia H J, Yuan Q. Nitrogen removal in photo sequence batch reactor using algae-bacteria consortium[J]. Journal of Water Process Engineering, 2018, 26: 108-115.

[36] 郑娇莉, 曹春霞, 黄大野, 等. 藻菌固定化对模拟养殖废水氮磷的去除效果[J]. 环境科学与技术, 2020, 43(S2): 107-112.

[37] 王书亚, 李志, 高仪璠, 等. 藻菌共培养体系优势菌株筛选及沼液处理[J]. 农业资源与环境学报, 2019, 36(1): 121-126.

[38] 王华光, 赵玥, 谭炯, 等. 小球藻—芽孢杆菌共生体系处理污水的研究[J]. 西南民族大学学报(自然科学版), 2021, 47(2): 154-160.

[39] García D, Alcántara C, Blanco S, et al. Enhanced carbon, nitrogen and phosphorus removal from domestic wastewater in a novel anoxic-aerobic photobioreactor coupled with biogas upgrading[J]. Chemical Engineering Journal, 2017, 313: 424-434.

[40] Luo L Z, Lin X A, Zeng F J, et al. Performance of a novel photobioreactor for nutrient removal from piggery biogas slurry: Operation parameters, microbial diversity and nutrient recovery potential[J]. Bioresource Technology, 2019, 272: 421-432.

[41] Mulbry W, Kondrad S, Pizarro C, et al. Treatment of dairy manure effluent using freshwater algae: Algal productivity and recovery of manure nutrients using pilot-scale algal turf scrubbers[J]. Bioresource Technology, 2008, 99(17): 8137-8142.

第 7 章　膜分离技术处理高氨氮废水

膜分离技术是利用膜的选择透过性对液体中的成分进行选择性分离，从而达到氨氮脱除的目的。膜分离技术包括反渗透、纳滤、电去离子、电渗析等。影响膜分离技术的主要因素有膜特性、压力、pH、温度以及氨氮浓度等[1]。膜分离技术具有处理效果稳定、启动快、操作简便、温度和 pH 对脱氨效率影响小的优点，但该技术中使用的薄膜易结垢堵塞，导致膜污染，从而增加处理成本。在处理高浓度氨氮废水时，再生、预处理环节产生的废液可能会引起二次污染等问题。本章从膜材料、基于膜的几种技术及其优缺点进行总结，以期为膜分离技术在高氨氮废水处理方面提供理论基础和技术指导。

7.1　膜　材　料

一般用于污水氨去除的膜是中空纤维膜。在这种膜系统中，借助液体/液体和气体/液体的质量传递差异实现了不同的相间扩散。中空纤维膜通常具有很多疏水性的微孔。在气体/液体分离的条件下，疏水膜可防止具有较高表面张力的水溶液渗入充满气体的孔隙。进水中的挥发性化合物通过膜中充满气体的孔隙传递然后会与脱附溶液发生反应，或者被气体带走，抑或者被真空吸走[2]。与传统的吸收或脱附程序相比，疏水中空纤维膜接触器具有几个优势，包括每单位体积更大的界面面积可加速挥发性污染物的去除，能独立控制液体和气体流速以防止淹没、负载或起泡。此外，由于中空纤维膜接触器中流动的切线性质，气体脱附过程不需要高压操作，降低了运营成本和维护难度。

在分离过程中，降低质量传递阻力的常见方法是使用聚四氟乙烯（PTFE）和聚丙烯（polypropylene，PP）膜，因为它们具有很强的疏水性行为[3]。对于 PTFE 和 PP 膜的商业应用存在一些限制，如对称结构、多孔性和有限的孔径范围。相反，由聚偏二氟乙烯（PVDF）制成的膜近年来在商业上被广泛使用。该膜具有高疏水性，同时通过相转变过程形成不对称结构，可降低传质阻力。

7.1.1　聚四氟乙烯

图 7.1 示意了用于水系统中氨氮去除的中空纤维膜装置。该系统中使用蠕动泵将进料溶液和脱除溶液（通常为硫酸）泵入中空纤维膜模块中进行逆流接触质量传递。当质量传递过程稳定后，可计算进料溶液和脱除溶液中的溶质浓度。

$$D_E = \frac{C_{A,s}}{C_{A,f}} \tag{7.1}$$

$$E = \left(1 - \frac{C_{A,f}}{C_{A,0}}\right) \times 100\% \tag{7.2}$$

其中，D_E 和 E 分别为分配系数和去除率。$C_{A,s}$、$C_{A,f}$ 和 $C_{A,0}$ 分别为剥离相中氨的浓度、进料溶液中氨的浓度和进料相中氨的初始浓度。

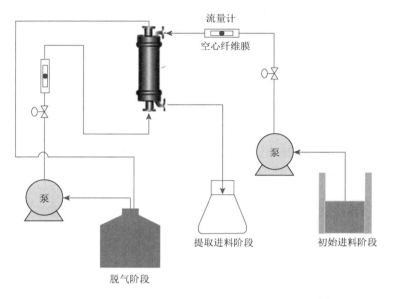

图 7.1　去除废水中氨氮的中空纤维膜装置示意图[4]

图 7.2 展示了氨被疏水中空纤维膜除去的过程：受氨污染的进料溶液和分离溶液通过不对称的中空纤维膜进行分离。在使用中空纤维膜去除水中氨时，一些重要的变量需要考虑，包括进料溶液的初始浓度、pH、流速、温度及膜厚度。

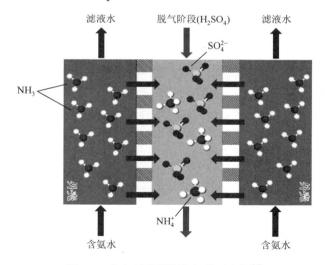

图 7.2　中空纤维膜消除氨的示意图[4]

PVDF 具有良好的疏水性，能通过相转化方法制备不对称膜，已成为一种新型膜材料。与对称膜相比，不对称膜具有更小的质传递阻力。PVDF 中空纤维膜在氨去除应用中展现出优异的制备性能和分离性能[3]。在最佳条件下，使用 N,N-二甲基丙酰胺（DMAC）作为溶剂，水作为凝聚剂，氯化锂（LiCl）作为添加剂制备的膜对氨的分离效率达到 80%。经过乙醇处理 PVDF 表面层具有更高的疏水性以及有效的孔隙度，提高了氨的去除效果。另外，较高的进料溶液 pH 可提高氨去除率，但进料溶液中氨的初始浓度和分离溶液的流速对氨的去除几乎没有影响。

　　PVDF 中空纤维膜的内部结构如图 7.3 所示。从这张显微照片中可以看出，制备的膜具有不对称的结构，在亚层含有指状孔隙，在膜的顶层含有多孔孔隙。中空纤维表面层的估计厚度为 1μm。这个活性表面层定义了膜对氨的去除效率，因为它比多孔的亚层具有更大的质量传递阻力，亚层可能只起支撑层的作用，为中空纤维膜提供机械强度。总质量传质系数与氨浓度无关，因此进料溶液中氨浓度的变化对中空纤维膜的氨去除效率几乎没有影响。渗透液中氨的总浓度在较高的 pH 下迅速下降，可能由于较高 pH 下总氨质量传递阻力降低。然而，当 pH≥11 时，pH 对总氨质量传质系数的影响微不足道。由于液膜阻力减小，随着进料速度增加，氨的去除效率增加。相比之下，硫酸作为分离相对氨去除率几乎没有影响，进一步说明了氨和硫酸的相互作用发生在酸性溶液与膜外表面接触的界面上。

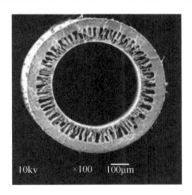

图 7.3　PVDF 中空纤维膜的 SEM 显微图[3]

　　在另一项研究中，Ma 等[5]制备了电纺中空纤维膜用于处理废水中的氨，并探讨了溶剂蒸汽处理对提升膜机械强度的影响。通过研究膜厚度、进料溶液的温度和 pH 等不同变量对总质量传质系数（MTC）和选择性系数 $S[NH_3/H_2O（g）]$ 的影响，发现使用 N, N-二甲基乙酰胺（DMAC）和丙酮体积比为 7∶3 的混合溶剂制备的质量分数为 20% 的聚偏二氟乙烯-六氟丙烯（PVDF-HFP）聚合物溶液，所制备的 PVDF-HFP 中空纤维膜，对氨氮的去除率可达 92.6%。表 7.1 总结了所制备的中空纤维膜及其模块的规格。在不同放大倍数下，PVDF-HFP 中空纤维膜的 SEM 图像显示，PVDF-HFP 膜的纤维被混合在一起，形成了许多间隙，使孔隙率增大（图 7.4）。

表 7.1　中空纤维膜及所用模块的特性

材料	参数	数值
聚甲基丙烯酸甲酯	内径/10^{-3}m	12.7
	外径/10^{-3}m	20
	长度/10^{-3}m	170

续表

材料	参数	数值
PVDF-HFP 膜材料	内径/10^{-3}m	1.08
	外径/10^{-3}m	1.96
	有效长度/10^{-3}m	140
	传质面积/10^{-2}m^2	1.42
	孔隙率ε/%	83±3

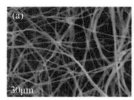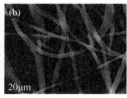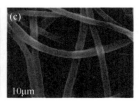

图 7.4　PVDF-HFP 中空纤维膜的扫描电镜显微图

Ma 等[5]发现膜的厚度会对水中氨的去除产生显著影响：随着厚度的增加，传质系数（MTC）下降，膜阻力增加，氨去除效率下降。具体地，当膜厚度为 55μm 时，MTC 值为 2×10^{-5}m/s；当膜厚度为 115μm 时，MTC 值减小至 1.25×10^{-5}m/s；进料液体通过 55μm 中空纤维膜后，氨浓度降低 506.75mg/L；而使用 115μm 中空纤维膜系统时，该数值降至约 11.11mg/L。随着膜厚度从 55μm 增加到 115μm，通过膜的氨通量[kg/(m^2·h)]以及单位面积上的氨去除量[kg/m^2]逐渐减小[6]。膜厚度增加导致 PVDF-HFP 含量增加，从而有更强的疏水性，而较高疏水性对水的影响大于对氨的影响。此外，pH 范围在 8～11 对 MTC 值影响较大，而 pH 高于 11 时对 MTC 值的影响反而较小。根据 NH$_3$ 的电离平衡，在较高 pH 下，OH$^-$ 浓度的增大促使 NH$_3$ 分子生成量增加。进而增大膜两侧氨气的蒸汽压差，产生较高的 MTC 值[7]。

Ma 等[5]还发现，pH = 8 时，经过中空纤维膜过滤 10 小时后，进料液中的氨浓度从 50mg/L 降至 3.7mg/L，而在较高 pH 下稍微升高。例如，pH = 10 和 13 时，氨的浓度分别为 4.48mg/L 和 6.05mg/L。因此，pH 的变化对进料液中 NH$_3$ 和 NH$_4^+$ 的相对浓度没有显著影响。相反，在进料液体缓冲能力不强的情况下，pH 的变化可能会影响 NH$_3$ 和 NH$_4^+$ 的相对浓度以及传质系数。关于进料温度对 MTC、通量和选择性系数 S 影响的研究发现：随着进料温度从 25℃升至 35℃，MTC 值增加有助于进料溶液中的氨挥发，渗透溶液通量[kg/(m^2·h)]显著增长，进料溶液和膜孔中的饱和蒸气压显著增强。饱和蒸气压增大加快了氨气挥发，并提高了氨通量。Qu 等[8]制备了聚偏二氟乙烯（PVDF）中空纤维膜，并分析了该膜对废水中氨的去除性能：当膜孔隙率为 80%，平均纤维厚度为 0.1mm 时，PVDF 中空纤维膜的氨去除效率和氨传质系数分别为 88% 和 2.30×10^{-5}m/s。

7.1.2　聚丙烯中空纤维膜

聚丙烯（PP）因具有良好的热稳定性、化学抗性、机械强度和低成本等特性，成为制备微孔膜的最常用聚合物，其发展现状和应用前景已被诸多研究报道。Ashrafizadeh 等[9]以稀硫酸溶液为提取溶液，研究了疏水性聚丙烯（PP）中空纤维膜高效去除废水中氨的性能，考察了不同操作变量如进料溶液中的氨浓度、提取溶液中的硫酸浓度、pH、进料溶液的流速以及进料溶液中过量共存离子对氨传质的影响。根据试验结果，聚丙烯中空纤维膜能够在最佳操作条件下去除 99%的氨氮，但进料溶液中的氨浓度和提取液相流速对氨氮去除几乎没有影响。

　　Ashrafizadeh 等[9]报道，在 pH＝8 时，氨浓度为 50mg/L 的进料溶液经 170min 的过滤后，氨氮几乎被完全去除。进一步分析显示，氨的高效去除是由于进料溶液的低 pH（pH＝8）抑制了 NH$_4^+$ 转化为 NH$_3$。总传质系数随 pH 的升高而明显增大。但当 pH 进一步增大到 11 时，传质系数仅略有增大，这可能是因为 pH 高于 11 时 NH$_4^+$ 的浓度明显降低。随着氨进料速度的加快，膜表面层附近的传递边界层变薄，总质量传质系数在较高氨进料速度下有所提高。

　　在氨去除过程中，分离相流速的影响可以忽略不计，进一步证明了酸和氨之间的反应发生在与膜外表面层接触的酸溶液边界处。根据 Ashrafizadeh 等的结果[9]（表 7.2），氨进料溶液的 pH 对氨的去除具有 96%的贡献率，其次是进料溶液速度，贡献率为 2.8%。所有其他参数（氨进料浓度和分离溶液速度各占 0.5%的贡献率）对总质量传质系数和氨去除的影响可以忽略不计。

表 7.2　不同氨进料 pH 和氨进料速度下的传质值

进水流速/(m/s)	进水 pH	进水浓度/(mg/L)	气提相流速/(m/s)	传质系数/($\times10^{-5}$m/s)
0.213	8	800	0.025	0.12
0.213	9	800	0.025	0.73
0.213	10	800	0.025	1.33
0.213	11	800	0.025	1.45
0.213	12	800	0.025	1.45
0.213	13	800	0.025	1.45
0.053	11	800	0.025	1.17
0.106	11	800	0.025	1.39
0.213	11	800	0.025	1.45

　　在另一项研究中，Hasanoğlu 等[10]研究了各种参数对氨传质的影响，如进料温度、进料流量、进料溶液中氨的浓度和分离阶段流量等变量，使用了有效表面积为 0.58m^2，长度为 0.12m 的 7400 根 PP 中空纤维膜。结果显示，所有实验中最小氨去除率为 98%，而进料溶液的体积为 1500mL，过滤时间为 35min；最高氨去除率为 99.38%。当进料溶液中的初始氨浓度从 400mg/L 下降到脱除后的 2.0mg/L 时，随着进料温度从 35℃升至 40℃，氨的传质得到改善。当进料温度升至 50℃时，可以明显观察到氨的浓度变化，较高的温度会促使氨去除。在较高温度下氨分压提高可能是增加氨在给定时间内去除量的主要原

因，即更大的分压提高了传质压力梯度，产生更大的驱动力，因此具有更高的氨去除效率。Hasanoğlu 等[10]还研究了进料和提取阶段流速对氨去除效率的影响。当进料和酸溶液的流速从 782mL/min 增至 1665mL/min 时，氨去除率随流速升高而加快。这可能是边界层效应的结果，更大的流体速度降低了传质的阻力。另外，研究者发现提取阶段的酸浓度对整个氨过程的影响微乎其微。在提取过程的前 15min，随着酸浓度增加，氨去除效率在某种程度上得到提高，但 15min 后，氨去除效率保持不变，直到整个过程结束。表 7.3 总结了本书研究的中空纤维膜的最佳氨去除性能。

表 7.3　中空纤维膜的氨去除性能

膜材料	初始氨浓度/(mg/L)	实验条件	去除率/%
PVDF	120	pH = 10；温度 25℃；进水速度 0.35m/s；投加酸速度 0.029m/s	80
PVDF-HFP	50	pH = 8；温度 25℃；进水速度 29mL/min；投加酸速度 29mL/min	92.6
PVDF	500	pH = 12.2；温度 50℃；进水速度 0.5m/s	88
PP	50	pH = 8；温度 25℃；进水速度 0.053m/s；投加酸速度 0.025m/s	99
PP	400	进水速度 2000mL/min；酸浓度 0.3mol/L	99.38

7.2　膜　蒸　馏

膜蒸馏分离技术是一种通过疏水微孔膜、利用热驱动过程对混合物进行物理分离的技术。膜充当过滤器，将温热的进料溶液与渗透侧的冷却室分隔开，渗透侧包含气体或液体相。由于疏水微孔膜的疏水性质产生的表面张力，液体溶液无法通过膜孔传递，因此，在孔口形成了固定的边界层。由温度和浓度差异在孔口引起的蒸气压梯度，成为蒸发分子从膜的进料侧迁移到渗透侧的驱动力。渗透侧的迁移分子要么在膜组件外冷凝，要么以蒸汽相的形式被移除[11]。

膜蒸馏过程有四种不同的装置，根据扩散分子处理方法分类：分子在渗透侧凝结，或在蒸汽相中从膜组件外移除。当冷凝过程发生在膜的冷渗透侧，与冷凝水直接接触的过程被称为直接接触膜蒸馏（direct contact membrane distillation，DCMD）。当凝结过程发生在膜组件内与膜表面通过静止气隙分离的冷表面的过程被称为气隙膜蒸馏（air gap membrane distillation，AGMD）。另外两种膜蒸馏装置中，转移分子的冷凝发生在膜组件外。在这些情况下，转移的分子将通过真空过程（称为真空膜蒸馏）或通过扫气过程（称为扫气膜蒸馏）被移除。因此，膜蒸馏技术是膜分离和冷凝/蒸发程序的结合。与传统分离程序相比，低操作压力和温度是膜蒸馏过程（图 7.5）的两大核心优势。

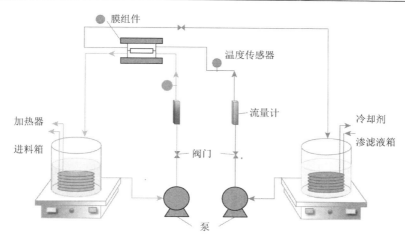

图 7.5　膜蒸馏装置示意图

　　大多数膜蒸馏技术的膜组件由疏水性聚合物制备或由具有低表面能的疏水材料改进而来，因为在膜蒸馏发展初期，不同材料如硅酮/玻璃纤维复合材料和尼龙存在润湿抗性问题，蒸馏效果并不令人满意。随着技术的发展，目前有各种各样的聚合物可供商业用于膜蒸馏。这些聚合物具有低表面能的特性，如表 7.4 所示。

表 7.4　膜蒸馏中疏水聚合物的特性

材料	表面能/($\times 10^{-3}$N/m)	热导率/[W(m·K)]	耐热性	预处理方法
PTFE	9~20	0.22~0.26	高	热熔挤出
PP	29~33	0.16~0.18	可耐受	热熔挤出 DPI（dry powder inhaler，干粉吸入器）
PE	28~33	0.38~0.42	低	热熔挤出 DPI
PVDF	30~33	0.17~0.21	可耐受	电纺丝 WPI DPI
PVDF-HFP			高	电纺丝 WPI（whey protein isolate，乳清分离蛋白）

7.2.1　真空膜蒸馏

　　真空膜蒸馏（vacuum membrane distillation，VMD）的脱氮效果与进料溶液的初始浓度、速度、进料温度有关。提高进料速度会引发浓度极化和温度极化，可显著提升氨的去除效率。增加进料速度还刺激了膜与进料溶液边界层湍流，进而可提高从进料溶液到膜表面层的热传递和质量传递效率，以获得更高的氨去除效率。EL-bourawi 等[12]研究了使用商业多孔聚四氟乙烯（PTFE）膜在 VMD 中去除废水中氨的性能，结果表明，在理想的操作条件下，PTFE 膜可从水溶液中分离出 90% 的氨；当进料流速从 0.28m/s 提高到 0.84m/s，显著提高了氨去除效率。在 0.28m/s、0.50m/s、0.75m/s 和 0.84m/s 的进料流速下，分别获得约 55%、60%、63% 和 73% 的氨去除率。此外，随着进料流速的增加，渗透通量也有所提高。这可能是在较高的进料流速下进料传质系数显著增大所致。Duong 等[13]的研究表明，通过将进料速度从 0.1L/min 提高到 0.3L/min，氨通量从 8.89g/(m²·h)增加到了 14.3g/(m²·h)。

在 VMD 过程中，提高进料溶液浓度可以提高氨去除效率，这可能是因为随着浓度的升高，进料侧的氨物种数量增加。在 $T = 50℃$，$P = 8.3$kPa 和 $v = 0.15$m/s 的操作条件下，随着进料溶液浓度从 0.29mol/L 增加到 0.65mol/L，氨去除效率得到改善。相反，当其浓度从 0.65mol/L 增加到 1.21mol/L 时，引起进料黏度增加，去除效率反而下降。Zhu 等[7]也指出，进料溶液中氨浓度的增加使进料中挥发性化合物的扩散速率和传递速率受到影响。另外，在 VMD 方法中，随着进料溶液中氨浓度的增加，产生了更高的渗透通量。这是因为氨进料溶液的蒸气压比纯水高，而在进料样品中氨含量较高的情况下，蒸气压值会增加。通过将进料样品中的氨浓度从 0.3mol/L 增加到 1.2mol/L 时，跨膜通量从 9g/(m²·h)增加到 12g/(m²·h)。

在 VMD 过程中，进料溶液温度升高使得蒸气压显著提高，实现了更高的氨去除效率和渗透通量[14]。将进料温度从 43.7℃提高到 55.7℃，氨去除效率和渗透通量显著提高。Duong 等[13]得出相似的结果：进料温度从 50℃提高到 80℃，渗透通量从 2g/(m²·h)增加到 16g/(m²·h)。在另一项研究中，Wu 等[15]使用 PVDF 中空纤维膜从高污染废水中去除氨，在有效分离面积为 20cm² 的膜组件中比较了进料温度、运行时间和速度的影响。结果表明，进料温度是影响 VMD 膜氨去除性能最重要的变量。当温度从 30℃提高到 60℃时，氨去除率从 78%提高到 99%。

7.2.2 吹扫气膜蒸馏

吹扫气膜蒸馏（sweeping gas membrane distillation，SGMD）是从水溶液中除去氨的另一种重要技术。在这种技术中，进料溶液将通过加热器在进入膜蒸馏装置的进料侧之前达到所需的吹扫温度。在膜蒸馏装置的渗透侧，室温下运行的空气压缩机以 4bar 的压力扫除气体，如图 7.6 所示。

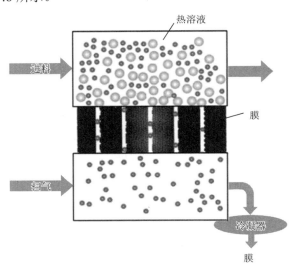

图 7.6　SGMD 装置示意图

SGMD 的脱氮效率受进料温度、气体速度和进料速度的影响。增大进料速度可提高膜组件进料侧的湍流值，实现从浓缩进料到膜表面更高效的氨去除的传热和传质效率，进而提高氨去除率[8]。此外，由于浓缩和温度极化现象，更快的进料速度增大了渗透通量，浓缩进料和膜外层之间温度差减小。增强的湍流使氨和水的蒸气压在进料和膜的边界处增加。Xie 等[16]研究了进料溶液 pH 为 11.5 的情况下，SGMD 工艺从氨浓度为 3.3mg/L 的水溶液中除去氨。在最佳操作条件下（最高进料温度和最快的气体流速），SGMD 系统实现了 97%的氨去除效率。在这项研究中，膜的厚度为 100μm 和 200μm，孔隙率为 70%，有效表面积为 50cm²。将进料速度从 59mL/min 增大到 100mL/min，氨的去除率从 67%提高到 77%；当进料速度从 100mL/min 提高到 250mL/min 时，氨去除率的提高几乎可以忽略不计。

SGMD 通过惰性气体在渗透侧吹扫除去蒸汽，冷凝过程发生在膜组件的外部。SGMD 结合了 AGMD 的低导热损失和 DCMD 的低传质阻力优势。气体在膜表面上吹扫使得传质系数提高和相对于 AGMD 的渗透通量增加。与 DCMD 相比，SGMD 产生了更大的渗透通量和更高的蒸发效率[17]。扫气流速的微小变化都会对渗透通量产生显著影响。例如，将扫气流速从 0.4L/min 提高到 3L/min，废水中氨的去除率从 48%提高到 96%。氨去除率的提高是由膜蒸馏过程两侧蒸气压差异所致。增加扫气流速会产生更大的驱动力，降低质量传递边界层的阻力，从而提高氨的去除率。然而，当扫气流速进一步增大到 5L/min 时，氨去除率几乎没有提高。这可能是因为较快的扫气流速增加了扫气的压力，导致边界层阻力的增加。为了实现高氨去除，需要确定扫气的最佳流速。

提高进料温度可以改善氨的去除率，因为较高的进料温度加快了氨在膜孔和扫气中的扩散速率，质量传质系数更高。此外，由于铵离子解离是吸热过程，挥发性氨量随温度升高而增加。当进料温度从 50℃提高到 75℃时，可从氨浓度为 3.3mg/L 的进料溶液中实现 97%的氨去除率。

7.2.3　直接接触膜蒸馏

直接接触膜蒸馏（DCMD）与其他膜蒸馏过程一样，受如进料 pH、进料温度和进料流速等变量的影响。在 DCMD 过程中，提高进料 pH 可增加平均渗透通量和氨传质系数（K_a）。然而，pH 高于 12 时氨氮去除率无明显提高，这与水溶液中氨的解离平衡相关，其表达式如方程（7.3）所示。

$$NH_4^+ + OH^- \Longleftrightarrow NH_3 + H_2O \qquad (7.3)$$

提高进水溶液的 pH 将使解离平衡向右移动，生成更多可被去除的 NH_3。当进水溶液中 NH_3 的浓度高于 NH_4^+ 的浓度时，可以提高氨的去除效率。含有挥发性成分的蒸气压，如 NH_3 比纯水的蒸气压高。进水溶液中 NH_3 含量的增加可能会提高蒸气压，进一步增大渗透通量。然而，当 pH 增大到 11 以上后对氨的去除率没有显著影响，因为膜引起的阻力逐渐主导了传质过程。

目前，关于 DCMD 除氨的研究很少，Qu 等[8]介绍了在 pH＜12.2 时通量随 pH 升高而增大；pH 从 12.2 升高到 13.2 时，通量的变化微不足道，但氨的去除效率迅速提高（99.5%）。K_a 值从 pH 为 10.0 时的 $1.89 \times 10^{-5} m/s$ 增加到 pH 为 12.2 时的 $6.29 \times 10^{-5} m/s$。另外，提高进水温度对氨去除和渗透通量都有积极影响。较高的进水温度会导致进料溶液蒸气压的指数增长，增加跨膜蒸气压差和驱动力。例如，进水温度从 30℃升至 55℃时，渗透通量约提高 250%，K_a 值从 $3.42 \times 10^{-5} m/s$ 提高到 $7.28 \times 10^{-5} m/s$，NH_3 在溶液中以及膜孔中的扩散速率均得到提高，产生更高的传质系数。

在 DCMD 过程中，提高进水流速可加快氨从进料溶液到膜表面的扩散，并改善边界层的混合条件，从而增大传质效率。Qu 等[8]将进水流速从 0.15m/s 提高到 0.5m/s，显著提升了渗透通量，并明显改善了氨的去除效果。然而，在 DCMD 中，较高氨浓度的溶液中水蒸气压和驱动力减小导致水蒸气传质效率降低，增加氨浓度会轻微降低渗透通量，并且对氨的消除性能没有显著影响。例如，溶液中氨浓度从 0.5g/L 增大到 3.5g/L 时，渗透通量略微减小，传质系数和氨去除效率均有所降低。表 7.5 总结了膜蒸馏（MD）技术的氨去除性能。

表 7.5　MD 技术的氨去除性能[4]

膜材料	膜类型	初始氨浓度	实验条件	去除率/%
PTFE	真空膜蒸馏（VMD）	0.96mol/L	pH = 11.1；温度 55.7℃；流速 0.84m/s	90
PVDF	吹扫气膜蒸馏（SGMD）	18.0%（质量分数）	气压 88kPa；温度 60℃；流速 0.21m/s	99
PTFE	真空膜蒸馏（VMD）	100mg/L	pH = 11.5；温度 75℃；流速 250mL/min	97
PVDF	直接接触膜蒸馏（DCMD）	500mg/L	pH = 12.2；温度 50℃；流速 0.5m/s	99.5
PP	直接接触膜蒸馏（DCMD）	400mg/L	pH = 11；温度 20℃	85

尽管这些技术实现了高效的水体氨去除，但它们要求在相对较高的 pH（10～11）条件下运行。实施这些技术最重要的要求之一是通过碱性溶液频繁调整进料溶液 pH，以提高氨去除效率。然而，这需要额外的化学品和设备，会增加运营和维护成本。相比之下，关于平板膜系统（如混合膜和混合基膜）去除氨的研究相对较少[18]。

混合膜也是研究热点之一。Moradihamedani 等[19]采用湿法反转技术制备了聚砜/醋酸纤维素（PSf/CA）混合膜，用于去除水产养殖废水中的氨。膜特性表征显示：PSf 是一种无定形热塑性聚合物，玻璃化转变温度为 190℃，具有高机械、热和氧化稳定性并且可溶于常见有机溶剂。CA 因亲水性具有良好的阻垢性能，但具有较低的氧化和化学抗性以及较差的机械强度，不适用于更激烈的清洁条件[19]。混合膜制备时使用了 PSf（质量分数 15%）、不同含量的 CA 和 N-甲基-2-吡咯烷酮（NMP）作为溶剂，将溶液涂布在玻璃板上形成厚度为 80μm 和 100μm 的 PSf/CA 膜。湿膜在蒸馏水的凝固浴中浸泡 1 天，在室温下干燥 1 天。制备的混合膜组成见表 7.6。实验将进料溶液中氨的浓度分别调整为 1mg/L、5mg/L 和 10mg/L，在 13.8cm² 的模组件中进行了三次实验。在 1～3bar 的进料压力范围内计算了渗透溶液的通量，使用的方程式如下：

$$J_W = \frac{Q}{A\Delta T} \tag{7.4}$$

式中，J_W 为渗透溶液通量，$L/(m^2 \cdot h)$；Q 为收集的渗透样品体积，L；A 为过滤面积，cm^2；ΔT 为取样持续时间，h。氨浓度通过奈氏比色法测定：氨与奈斯勒（Nessler）试剂发生反应生成黄色至深琥珀色络合物，通过紫外分光光度计在 425nm 波长检测吸光度进行定量。图 7.7 展示了用于从水溶液中去除氨的超滤膜设置的示意图。

表 7.6　PSf/CA 混合膜的成分[19]

膜名称	混合占比/%	
	PSf	CA
纯 PSf	100	0
PSf-90/CA-10	90	10
PSf-85/CA-15	85	15
PSf-80/CA-20	80	20
PSL75/CA-25	75	25
PSL70/CA-30	70	30

纯 PSf 膜具有不对称结构，具有较厚（4.6μm）的表层和多孔支撑层。纯 PSf 膜在 3bar 的进料压力下未表现出任何渗透性。随着膜基质中 CA 含量的增加，膜的形态发生了显著变化。当 CA 含量为 20% 和 30% 时，膜表层厚度分别减小至 0.8μm 和 0.7μm。此外，较高 CA 含量还增加了膜亚层和壁的孔隙度。纯 PSf 膜和 PSf-70/CA-30 膜的横截面纤维结构如图 7.8 所示。

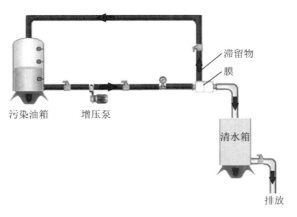

图 7.7　组件消除水产养殖废水中的氨氮

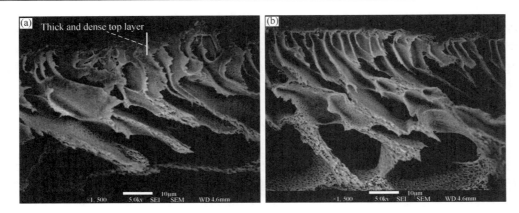

图 7.8 纯 PSf 膜和 PSf-70/CA-30 膜样品的 SEM 截面图

PSf-70/CA-30 在 2bar 的进料压力下具有最高的渗透通量[165L/(m²·h)]。渗透通量的提高可能与膜表面层厚度、亲水性和表面粗糙度随膜基中 CA 含量的增加而发生的变化有关。CA 中的羟基官能团与 PSf 聚合物链之间存在相互作用。羟基是一种亲水性表面官能团，它吸引水分子到膜表面[21]。此外，更高的表面粗糙度通过提供更大的有效表面积改善了渗透通量。因此，水分子将通过膜形态中的空孔轻松扩散。另外，薄顶层和大孔亚层的形成可能是在更高 CA 负载下提高渗透通量的其他原因。

另外，PSf-80/CA-20 膜能够从含 5mg/L 和 10mg/L 氨的进料溶液中去除 99% 和 92% 的氨。然而，随着 CA 含量从 20%（PSf-80/CA-20）增加到 30%（PSf-70/CA-30），氨去除效率逐渐下降。因此，在膜基中存在 CA 的最佳浓度，可提高混合膜的渗透通量和氨的去除性能。PSf-80/CA-20 在氨去除效率和水通量方面表现优异，是所有制备的 PSf/CA 混合膜中的最佳选择。负载超过 20% CA 的膜具有更高的亲水性，导致溶剂和凝聚剂的瞬时相反转，形成了一个包含亚层中的大孔的膜形态，导致氨去除效率降低。

目前，大多数利用离子交换的技术在操作和维护方面成本较高[22]。相比之下，利用成本更低、更易得的离子交换材料，如天然沸石，从废水中去除氨在经济上更具可行性。天然沸石已被用于去除城市、水产养殖和工业废水中的 NH_4^+[23]。然而，由于沸石颗粒不稳定且在水中可溶，不能直接用于去除废水中的氨。因此，研究人员制备了一种新型混合基质膜，其中包含沸石颗粒，以有效去除废水中的氨。膜中加入的沸石颗粒更有效，具有较强的去除铵离子的能力和稳定性。Ahmadiannamini 等[24]通过相反相法制备了 PSf/沸石混合基质膜。在 NMP 中加入所需量的沸石颗粒，然后将混合物超声处理 30min，再将所需量的 PSf 加入铸膜溶液中，并搅拌直到聚合物完全溶解。之后使用膜应用器在玻璃板上涂布厚度为 300μm 的薄膜，涂覆的薄膜浸入非溶剂（水）共聚沉浸浴中。为了防止收缩，在浸泡前，铸膜需要蒸发 45s。制备的混合基质膜的组成见表 7.7。

表 7.7 PSf/沸石混合基质膜组成

膜名称	PSf/g	沸石/g	NMP/g
PSf-沸石（15%～30%）①	2.25	0.675	12.75
PSf-沸石（15%～40%）	2.25	0.900	12.75

续表

膜名称	PSf/g	沸石/g	NMP/g
PSf-沸石（15%～50%）	2.25	1.125	12.75
PSf-沸石-NaCl（15%～50%）	2.25	0.675	12.75

注：①代表沸石占复合材料总质量的百分比，后同。

　　根据实验结果，含有 30%沸石的膜去离子水通量约为 15LMH/bar[LMH 为 L/(m²·h)]。随着沸石负载增加到 50%，水通量逐渐下降至 5LMH/bar。较高沸石负载下膜的较密集形态是水通量降低的主要原因。沸石颗粒的阳离子与 PSf 的负电氧之间存在强烈的相互作用，导致铸膜溶液的黏度增加，从而延迟相反相过程，形成孔隙较少的膜[25]。相反，制备的混合基质膜在较高沸石浓度下 NH_4^+ 去除性能得到改善。含有 30%沸石颗粒的膜的总氨去除率约为 60%，而对于含有 40%和 50%沸石颗粒的膜，氨去除率增至 75%。经 1mol/L NaCl 后处理的混合基质膜具有最高的氨去除性能，去除率约为 95%。氨去除率的提高可能是由于沸石颗粒中的阳离子被 Na^+ 替代后，铵交换容量增强。Na^+ 的尺寸与 NH_4^+ 相似，移动性比二价阳离子更强，从而提高 NH_4^+ 交换能力。

　　比较不同膜的氨去除性能发现，聚丙烯（PP）在含有 400mg/L 氨的进料溶液中具有最佳性能，中空纤维膜的氨去除率达到 99.38%，而进料温度为 40℃，进料流速为 2000mL/min，酸浓度为 0.3mol/L。在应用膜蒸馏过程进行氨去除时，SGMD 系统使用 PTFE 作为膜材料，在操作条件为进料 pH = 11.5，进料温度 75℃ 和进料流速 250mL/min 时表现最佳，其氨去除率为 97%。虽然中空纤维膜接触器和膜蒸馏可以高效地从废水中去除氨，但它们需要高昂的运营成本和维护费用。相比之下，仅用于氨去除的混合膜（PSf/CA）和混合基质膜（PSf/沸石）能够在不需要任何酸剥离阶段、碱增加进料溶液 pH 或能量增加进料溶液温度的情况下高效去除氨（去除率分别为 99%和 95%）。

　　许多研究采用了中空纤维膜和膜蒸馏，它们能够高效地从水中去除氨。但是它们需要相对较高的维护和运营成本。因此，学者们提出了一些未来研究的展望：①制备高性能平板混合膜，采用不同类型的聚合物和添加剂，既具有高氨去除效率又具有水透过性。②制备并表征平板混合基质膜，利用不同类型的聚合物和纳米颗粒。到目前为止，只有少量文章研究了 PSf 和沸石纳米颗粒的氨去除性能。③制备并表征平板复合膜，采用不同材料作为支撑层和表面层，以实现高性能的氨去除。

7.3　反　渗　透

　　反渗透（reverse osmosis）源于美国航天技术，是 20 世纪 60 年代发展起来的一种膜分离技术，其原理是废水在高压力的作用下通过反渗透膜，水中的溶剂由高浓度向低浓度扩散，从而达到分离、提纯、浓缩的目的。由于它与自然界的渗透方向相反，因而称为反渗透。反渗透可以去除水中的细菌、病毒、胶体、有机物和 98%以上的溶解性盐类。该方法具有运行成本低、操作简单、自动化程度高、出水水质稳定等特点，并且可以使现代工业用水实现高达 12 次以上的循环使用[26]。与其他传统的水处理方法相比，反渗透技术具有明显的优越性，广泛运用于水处理行业。膜分离技术凭借其超越常规处理方法的诸多优点，正在诸多领域占据着越来越重要的位置。

7.3.1　反渗透原理

渗透是一种物理现象。当两种含有不同盐类浓度的溶液被一张半透膜隔开时，含盐量少的一侧的溶剂会自发地向含盐量高的一侧流动，这个过程叫作渗透。渗透会持续进行，直到两侧的液位差（即压力差）达到平衡，此时渗透停止，此时的压力差叫渗透压。渗透压只与溶液的种类、盐浓度和温度有关，而与半透膜无关。一般说来，盐浓度越高，渗透压越高。反之，如果在浓溶液侧施加一个超过渗透压的压力时，那么浓溶液侧的溶剂会在压力作用下向产水侧渗透。这种渗透由于与自然渗透相反，故叫作反渗透（参见图 7.9 反渗透原理图）。

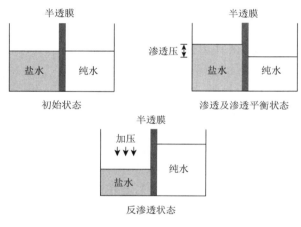

图 7.9　反渗透原理图

7.3.2　反渗透膜种类

反渗透膜是一种具有不带电荷的亲水性基团的半透膜，是实现反渗透分离过程的关键部件。反渗透膜的种类很多，按其用途分为海水膜、苦咸水膜及用于废水处理、分离提纯的特种膜。按其结构形态分为对称性结构膜和不对称性结构膜。按其成膜材料分为醋酸纤维素膜、芳香聚酰胺膜、磺化聚砜膜、玻璃纤维膜等。目前，在水处理工艺中应用较多的是醋酸纤维素膜和芳香聚酰胺膜。按其形状分为平板膜、中空纤维膜、管状膜、螺旋卷式膜，其中，应用最多的是螺旋卷式膜[27]。螺旋卷式组件是在两层反渗透膜之间夹入一层多孔支撑材料，并用黏胶封闭其三面边缘，使之成为袋状，以便使盐水和产水隔开，开口边与多孔产水收集中心管密封连接。在袋状膜下面铺上一层盐水隔网，然后将这些膜和网沿着钻有孔眼的产水收集中心管卷绕，如图 7.10 所示。将组件串联起来装入封闭的容器内，便构成螺旋卷式反渗透器。

这种反渗透膜工作时，盐水在高压下从组件的一端进入后，通过由盐水隔网形成的通道，沿膜表面流动，产水（即图示中的淡化水）透过膜并经袋中多孔支撑材料，螺旋地流向产水收集中心管，最后由中心管一端引出，浓盐水也从膜组件的另一端流出。

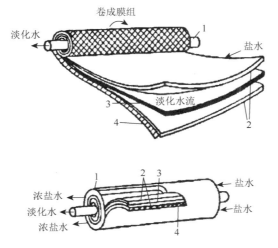

1-多孔产水收集中心管；2-反渗透膜；3-多孔支撑材料；4-盐水隔网

图 7.10　螺旋卷式反渗透器[28]

7.3.3　半透膜的性能

反渗透膜具有方向性和选择透过性。方向性是指反渗透膜具有不对称结构，所以在反渗透操作中，必须使表皮层与废水接触，才能达到预期的除盐效果，绝不能将膜倒置使用。选择透过性是指反渗透膜对溶液中不同的溶质排除作用具有较高选择性。根据反渗透膜除盐效果的实验[29]可得出如下规律：有机物比无机物易分离；电解质比非电解质易分离；电解质的离子价数越高或同价离子的水合离子半径越大，除盐效果越好，非电解质的相对分子质量越大，越易分离；气体容易透过膜，故对氨、氯、二氧化碳和硫化氢等气体去除效果较差。

7.3.4　反渗透膜分离技术及应用

反渗透膜分离技术是利用反渗透原理分离溶质和溶剂的方法。目前，常规的过滤过程可以按照脱除颗粒的大小进行分类，传统的悬浮物的过滤是通过水垂直流过过滤介质来实现的，全部水量完全通过过滤介质，全部变成出水流出系统，类似的过滤过程包括：滤芯式过滤、袋式过滤、砂滤和多介质过滤。这种大颗粒过滤形式仅仅对粒径大于 1μm 的不溶性固体有效。为了除去更小的颗粒和溶解性盐类，必须使用错流式的膜过滤，错流式的膜过滤对与膜表面平行的待处理流体施加压力，其中部分流体透过了膜表面，流体中的颗粒等被排除在浓水中。由于流体连续地流过膜表面，被排除的颗粒不会在膜表面累积，而是被浓水从膜面上带走。因此一股流体就变成了两股，即透过液和浓缩液，也称作产水和浓水。参见图 7.11。

在现有的膜法液体分离技术中，反渗透是最精密的技术。用于水处理的几种典型膜法的过滤精度及作用特点见表 7.8。反渗透技术的应用从海水淡化开始，现已发展到许多方面。例如，硬水软化，制取高纯水，工业废水处理和回收金属盐类，维生素、抗生素、生物碱、激素等的浓缩，细菌、病毒等的分离，果汁、牛乳、咖啡、糖浆等的浓缩，以

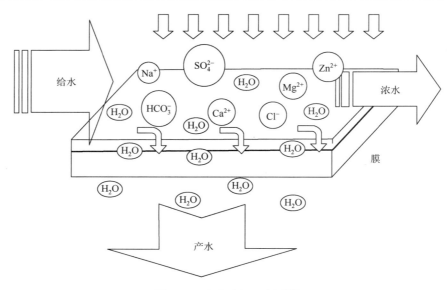

图 7.11　净水过程示意图[30]

及宇宙航行生活废水的处理和回用等。此外，反渗透技术应用于预除盐也取得了较好的效果，能够使离子交换树脂的负荷减轻 90%以上，使树脂再生剂消耗量也可减少 90%，不仅节约费用，还有利于环境保护。反渗透技术还可用于除水中微生物、有机物质、胶体物质，对于离子交换树脂减轻污染，延长使用寿命都有着良好的作用。

近年来，随着反渗透膜质量的不断提高和反渗透装置的不断改进，反渗透除盐技术的前景十分广阔，反渗透技术的应用必将越来越广，并日趋成熟。在高氨氮处理方面，有研究人员根据稀土冶炼厂排放氨氮废水的水质情况，采用 NH_4Cl 和 NaCl 模拟废水进行了反渗透对比实验，发现在相同条件下反渗透技术对 NaCl 表现出较高的去除率，同时对 NH_4Cl 的去除率也达到 77.3%，可作为氨氮废水的预处理。反渗透技术可以节约能源，热稳定性较好，但耐氯性、抗污染性差。

表 7.8　水处理的几种典型膜法的过滤精度及作用特点

项目	微滤	超滤	纳滤	反渗透
膜孔径	0.02～1μm	2～20nm	1～5nm	<2nm
纯水透过流速 /[L/(m²·h)]	500～10000	100～2000	20～200	10～100
膜材质	CA、PC、PE、PP、PTFE、CE、PVDF	C、CA、PA、PAN、PES、PVDF、CE	CA、PA	CA、PA
处理对象	微粒、细菌、病毒、藻类等	微粒、细菌、病毒、藻类、腐殖酸等	微粒、细菌、病毒、藻类、腐殖酸、富烯酸、氨氮、消毒副产物等	微粒、细菌、病毒、藻类、腐殖酸、富烯酸、氨氮、无机盐、消毒副产物等
过滤压力/Pa	20～200	50～500	500～3000	800～7500

注：C-再生纤维素；CA-醋酸纤维素；CE-陶瓷；PA-聚酰胺；PAN-丙烯腈；PC-聚碳酸酯；PE-聚乙烯，PES-聚醚砜；PP-聚丙烯；PTFE-聚四氟乙烯；PVDF-聚偏二氟乙烯。

7.4　电去离子技术

电去离子（electrodeionization，EDI）是 20 世纪 80 年代在电渗析基础上研究发展起来的除盐技术。它是一种深度除盐的新型工艺，可用于替代离子交换混合床制取高纯水。电去离子又叫填充床电渗析，其原理是在电渗析淡水室中装填阴阳混合离子交换树脂，利用电渗析极化现象对离子交换树脂进行再生，又称为电除盐。这种将电渗析技术和离子交换相结合的工艺，既利用了电渗析可以连续除盐和离子交换深度除盐的优点，又克服了电渗析浓差极化的负面影响及离子交换树脂需要酸碱再生不能连续工作的缺陷。

EDI 主要由交替排列的阴、阳离子交换膜、浓水室和淡水室隔板以及正负电极等组成，在淡水室内填充有一定比例的阴、阳离子交换树脂。电去离子除盐过程分为：①电渗析过程，在外加电场作用下，水中电解质通过离子交换膜进行选择性迁移，从而达到去除离子的作用；②离子交换过程，通过离子交换树脂对水中电解质的交换作用，去除水中的离子；③电化学再生过程，利用电渗析的极化过程产生的 H^+ 和 OH^- 及树脂本身的水解作用对树脂进行电化学再生。其除盐机理既有电渗析的脱盐作用，又有树脂的吸附、交换作用和树脂电化学再生作用。

7.4.1　电去离子模块配置

在电去离子系统中，阳离子和阴离子交换膜被放置在电极之间，就像它们在电渗析系统中一样。电去离子系统是由浓缩室和稀释室组成的，浓缩室和稀释室形成于双极之间，通过交替排列的阳离子和阴离子交换膜形成。电去离子系统的稀释室装有混合树脂，以降低电阻率并促进阴离子和阳离子在电压差下的迁移。每当给水进入稀释室并向电极提供电势差时，阳离子迁移到阴极而阴离子迁移到阳极[31]。水电离产生的质子和氢氧根离子可使树脂再生，从而形成连续运行而不需要化学品再生步骤[32]。

静电屏蔽区是一种新型的电子和离子电流阱，采用电极石墨粉构建。离子被引入这些区域并由于电流、电场和电压的去除而聚集。静电屏蔽离子交换去离子技术可以用静电屏蔽区域离子电流阱而不是半渗透离子交换膜来实现。静电屏蔽区-离子电流汇由导电和离子导电介质产生，例如在电解装置内产生电流不连续性的石墨粉末负载床，产生离子稀释室和离子浓缩室[33]。显然，无膜电去离子比传统的离子交换和电去离子更容易建立。在柱子上连接了几个电极，阴极在上面，阳极在下面。在该部分的两个电极之间，紧密地放置组合的阳离子和阴离子树脂。为了抑制阳离子向后移动，阴离子树脂与阳离子树脂的体积比在树脂层的顶部、中间和下部分别为 3∶1、2∶1、1∶1[34]。采用双层树脂以确保高的出水水质和简便的更新。顶排填充有组合的强酸和强碱树脂，而底层填充有强碱和弱酸树脂。电极间隔 3cm，在它们之间放置大约 0.03L 的阴离子和阳离子交换树脂[35]。

7.4.2　离子排出和流动电去离子机制

电去离子结合了传统电渗析和离子交换程序的优点，能实现完全可溶性离子的去除。与经典的电渗析不同，电去离子适用于低浓度或高电阻率的液体，可以用最小功率实现有效处理[36]。在电去离子过程中，离子传输主要通过树脂进行，而水阻力对离子传输的影响很小。图 7.12 显示了连续电去离子中的离子输运。在电流作用下，阴离子和阳离子树脂起到导电的作用。水分解发生在阴离子和阳离子选择性界面处，并使离子交换树脂再生，从而减小水分解对电去离子性能的影响。在离子耗尽区的树脂周围可以看到 H^+ 和 OH^- 的分解，在树脂上变成 H^+/OH^- 官能团再次交换 Na^+/Cl^- 离子。H^+/OH^- 吸引电解质中的离子，缓解离子交换膜/树脂附近的离子缺乏。同样，水分解增强了离子的反离子迁移[37]。

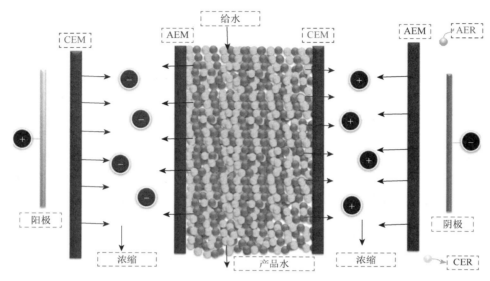

图 7.12　连续去离子中的离子输运示意图

CEM-阳离子交换膜（cation exchange membrane）；AEM-阴离子交换膜（anion exchange membrane）；AER-阴离子交换树脂（anion exchange resin）；CER-阳离子交换树脂（cation exchange resin）

7.4.3　电去离子技术应用于氨去除

电去离子用于锅炉水、微电子和医药领域氨氮废水处理[38]。电去离子技术能提高极限电流密度，增强扩散，使处理过程更加高效[39]。它能够过滤含金属的流体并生成富集的金属盐溶液再回收利用[40]。电去离子单元有利于促进低浓度的 NH_4^+ 从远程控制的废水流到浓缩通道的高效转移。两阶段电去离子方法将 NH_4^+ 浓度从 200mg/L 降至 1mg/L 以下。电去离子对浓度为 0.025mol/L 和 0.5mol/L 的合成氨废水中 NH_4^+ 的去除率分别为 95% 和 76%[41]。为了避免这种组合床突然被氨饱和，通常采用硫酸来恢复阳离子交换剂。由此推断，电去离子技术对含 1000μg/L 的废水中氨的去除率约为 99.7%，其他污染物也随着电去离子作用的发生而消除：回收的淡水电导率约为 0.07μS/cm[42]。有研究采用电渗析/电去离子结合静电屏蔽的方法去除化肥厂废水中的硝酸铵，处理后的纯化水中铵离子和硝酸根离子的浓度低于 1mg/L[33]。

7.4.4　电去离子与其他技术的耦合

电去离子技术是电渗析和混合床或分层床离子交换的结合。由于电去离子对给水有一定的要求，在电去离子前需要进行预处理。在大多数情况下，为了满足电去离子输入水的硬度≤1mg/L 的标准要求，在电去离子之前需要联合单次反渗透以提高单元的寿命[43]。然而，反渗透需要更高的压力，如果再加上超滤作为预处理将导致巨大的能量消耗和大量的管道和复杂计量。于是，磁过滤-连续电去离子组合分离应运而生。采用具有 3000 高斯永磁体的磁过滤装置和具有由三部分组成的单元的连续电解去离子装置，获得了 98%的 Fe_3O_4 和 99%的 Ni^+ 去除效率[44]。另外，通过电迁移、电吸附和离子交换的结合，形成了一种独特的电容去离子（电吸附去离子）技术。该方法可有效去除高盐度废水中的还原态金属离子以及 NH_4^+。

7.5　电　渗　析

电渗析（electrodialysis，ED）技术是 20 世纪 50 年代发展起来的膜分离技术。它以电位差为推动力，利用半透膜的选择透过性来分离不同的溶质粒子（如离子）或富集电解质。由于该技术能同时产生脱盐液和浓缩液而受到人们的高度重视[45]。

7.5.1　电渗析原理

ED 单元通常由与电极接触的两个电极隔室和位于电极之间的一系列阴离子交换膜（AEM）和阳离子交换膜（CEM）组成，形成交替的浓缩液和稀释液隔室[46]。电源对电极充电，电流流过 ED 堆，进料溶液的阴离子朝阳极（带正电的电极）迁移，而阳离子朝阴极（带负电的电极）迁移。通过 CEM 的阳离子被 AEM 阻挡；相反地，通过 AEM 的阴离子被 CEM 阻挡，实现稀隔室中盐含量的耗尽和浓隔室的富集。CEM 含有带负电荷的基团，例如，磺酸基（—SO_3^-）、羧酸基（—COO^-）、磷酸基（—PO_3^{2-}）和膦酸基（—PO_3H^-），而 AEM 具有带正电荷的基团，例如铵（—NH_3^+）、仲胺（—NH_2R^+）、叔胺（—NR_2H^+）、季铵（—NR_3^+），选择性地传输阴离子但排除阳离子[47]。

7.5.2　电渗析模块

由一个 AEM 和 CEM 组成的单元被定义为膜对。一个 ED 堆在实验室规模中通常包含几个膜对，在中试规模的单元中包含数百个膜对，如图 7.13 所示。ED 通常以间歇模式运行，但在较大规模时，为了保持恒定的水流和给水质量，优选连续工艺。因此，批

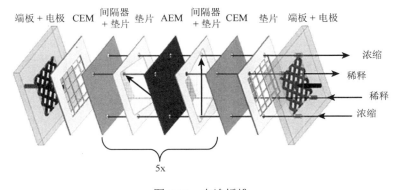

图 7.13　电渗析堆

次模式操作用于浓缩隔室，而连续模式用于稀释隔室，这样可以回收高浓度溶液并减少稀释隔室中电导率较低而导致的极化现象[48]。

ED 概念在 1890 年被首次提出，研究人员建立了一个新的概念——去矿物质糖浆。在研究原型中，使用碳作为电极，高锰酸盐纸作为膜。随后，Juda（朱达）等在 1950 年开展相关研究，1974 年倒极电渗析（electrodialysis reversal，EDR）被开发出来。文献中已经开发并介绍了几种"ED 衍生"替代品、应用和工艺，这进一步推动了电膜技术的发展[49]。

图 7.14 展示了 ED 及其相关技术中最关键的开发步骤的合成时间轴。作为一种成熟的脱盐技术，ED 的应用已有 50 多年的历史。ED 和所有基于 ED 的工业的处理潜力从低于 $100m^3/d$ 到超过 $20000m^3/d$ 不等。除脱盐外，ED 的另一个重要功能是从废水中回收营养物质，如图 7.15 所示。例如，在序批式 ED 系统中，从猪粪中获得了浓度为 21.35g/L 的 NH_4^+-N [50]。Chon 等[51]通过调节溶液的 pH 测试了各种形式的 ED 膜以提高溶解性无机氮的选择性。

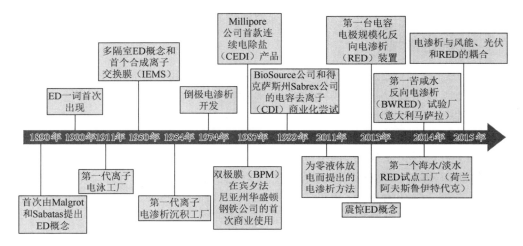

图 7.14　ED 及其相关技术中最关键的开发步骤的合成时间轴

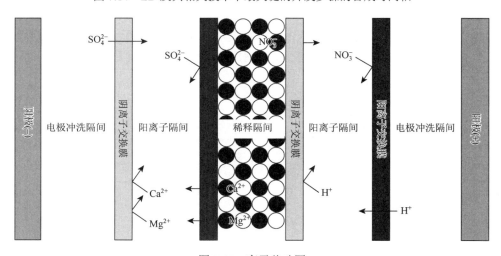

图 7.15　离子移动图

　　然而，对于较低浓度废水处理，ED 方法的竞争力较弱。高电阻、高能耗和极化是 ED 的主要缺点。如前所述，在大多数情况下，ED 适用于苦咸水脱盐和海水脱盐。然而，其在废水处理中回收营养物质时仍面临效率、关键操作参数、成本效益等方面的挑战。

参 考 文 献

[1] 曹国凭, 赵萍, 李文洁. 膜法水处理技术研究进展与发展趋势[J]. 水利科技与经济, 2006, 12(8): 539-540.

[2] Baker R W, Membrane technology and applications[M]. Hoboken: Wiley, 2023.

[3] Tan X Y, Tan S P, Teo W K, et al. Polyvinylidene fluoride(PVDF)hollow fibre membranes for ammonia removal from water[J]. Journal of Membrane Science, 2006, 271(1/2): 59-68.

[4] Moradihamedani P. Recent developments in membrane technology for the elimination of ammonia from wastewater: A review[J]. Polymer Bulletin, 2021, 78(9): 5399-5425.

[5] Ma X F, Li Y P, Cao H B, et al. High-selectivity membrane absorption process for recovery of ammonia with electrospun hollow fiber membrane[J]. Separation and Purification Technology, 2019, 216: 136-146.

[6] Akamatsu K, Ishizaki K, Yoshinaga S, et al. Mass transfer coefficient of tubular ultrafiltration membranes under high-flux conditions[J]. AIChE Journal, 2018, 64(5): 1778-1782.

[7] Zhu Z Z, Hao Z L, Shen Z S, et al. Modified modeling of the effect of pH and viscosity on the mass transfer in hydrophobic hollow fiber membrane contactors[J]. Journal of Membrane Science, 2005, 250(1/2): 269-276.

[8] Qu D, Sun D Y, Wang H J, et al. Experimental study of ammonia removal from water by modified direct contact membrane distillation[J]. Desalination, 2013, 326: 135-140.

[9] Ashrafizadeh S N, Khorasani Z. Ammonia removal from aqueous solutions using hollow-fiber membrane contactors[J]. Chemical Engineering Journal, 2010, 162(1): 242-249.

[10] Hasanoğlu A, Romero J, Pérez B, et al. Ammonia removal from wastewater streams through membrane contactors: Experimental and theoretical analysis of operation parameters and configuration[J]. Chemical Engineering Journal, 2010, 160(2): 530-537.

[11] EL-Bourawi M S, Khayet M, Ma R, et al. Application of vacuum membrane distillation for ammonia removal[J]. Journal of Membrane Science, 2007, 301(1/2): 200-209.

[12] El-Bourawi M S, Ding Z, Ma R, et al. A framework for better understanding membrane distillation separation process[J]. Journal of Membrane Science, 2006, 285(1/2): 4-29.

[13] Duong T, Xie Z L, Ng D, et al. Ammonia removal from aqueous solution by membrane distillation[J]. Water and Environment Journal, 2013, 27(3): 425-434.

[14] Khayet M, Matsuura T. Pervaporation and vacuum membrane distillation processes: Modeling and experiments[J]. AIChE Journal, 2004, 50(8): 1697-1712.

[15] Wu C R, Yan H H, Li Z G, et al. Ammonia recovery from high concentration wastewater of soda ash industry with membrane distillation process[J]. Desalination and Water Treatment, 2016, 57(15): 6792-6800.

[16] Xie Z L, Duong T, Hoang M, et al. Ammonia removal by sweep gas membrane distillation[J]. Water Research, 2009, 43(6): 1693-1699.

[17] Khayet M, Godino M P, Mengual J I. Possibility of nuclear desalination through various membrane distillation configurations: A comparative study[J]. International Journal of Nuclear Desalination, 2003, 1(1): 30.

[18] Mook W T, Chakrabarti M H, Aroua M K, et al. Removal of total ammonia nitrogen(TAN), nitrate and total organic carbon(TOC)from aquaculture wastewater using electrochemical technology: A review[J]. Desalination, 2012, 285: 1-13.

[19] Moradihamedani P, Abdullah A H. Ammonia removal from aquaculture wastewater by high flux and high rejection polysulfone/cellulose acetate blend membrane[J]. Polymer Bulletin, 2019, 76(5): 2481-2497.

[20] Moradihamedani P, Kalantari K, Abdullah A H, et al. High efficient removal of lead(II)and nickel(II)from aqueous solution by

novel polysulfone/Fe$_3$O$_4$–talc nanocomposite mixed matrix membrane[J]. Desalination and Water Treatment, 2016, 57(59): 28900-28909.

[21] Jeong H, Park J, Kim H. Determination of NH$_4^+$ in environmental water with interfering substances using the modified nessler method[J]. Journal of Chemistry, 2013, 2013(1): 359217.

[22] Paul Chen J, Chua M L, Zhang B P. Effects of competitive ions, humic acid, and pH on removal of ammonium and phosphorous from the synthetic industrial effluent by ion exchange resins[J]. Waste Management, 2002, 22(7): 711-719.

[23] Huang H M, Xiao X M, Yan B, et al. Ammonium removal from aqueous solutions by using natural Chinese(Chende)zeolite as adsorbent[J]. Journal of Hazardous Materials, 2010, 175(1/2/3): 247-252.

[24] Ahmadiannamini P, Eswaranandam S, Wickramasinghe R, et al. Mixed-matrix membranes for efficient ammonium removal from wastewaters[J]. Journal of Membrane Science, 2017, 526: 147-155.

[25] Abdelrasoul A, Doan H, Lohi A, et al. Morphology control of polysulfone membranes in filtration processes: A critical review[J]. ChemBioEng Reviews, 2015, 2(1): 22-43.

[26] Howell J A. Future of membranes and membrane reactors in green technologies and for water reuse[J]. Desalination, 2004, 162: 1-11.

[27] Vial D, Doussau G. The use of microfiltration membranes for seawater pre-treatment prior to reverse osmosis membranes[J]. Desalination, 2003, 153(1/2/3): 141-147.

[28] 金莉. 水处理新工艺新技术与工程方案设计及质量检验标准规范实用全书.[J]. 工业用水与废水, 2004, 35(3): 41.

[29] Ning R Y, Troyer T L, Tominello R S. Chemical control of colloidal fouling of reverse osmosis systems[J]. Desalination, 2005, 172(1): 1-6.

[30] 侯燕卿. 反渗透在氨氮废水处理中的应用研究[D]. 西安: 长安大学, 2010.

[31] Zahakifar F, Keshtkar A R, Souderjani E Z, et al. Use of response surface methodology for optimization of thorium(IV)removal from aqueous solutions by electrodeionization(EDI)[J]. Progress in Nuclear Energy, 2020, 124: 103335.

[32] Fedorenko V I. Ultrapure water production by continuous electrodeionization method: Technology and economy[J]. Pharmaceutical Chemistry Journal, 2004, 38(1): 35-40.

[33] Dermentzis K, Davidis A, Chatzichristou C. Ammonia removal from fertilizer plant effluents by a coupled electrostatic shielding based electrodialysis/electrodeionization process[J]. Global NEST Journal, 2012, 4: 468-476.

[34] Shen X L, Chen X M. Membrane-free electrodeionization using phosphonic acid resin for nickel containing wastewater purification[J]. Separation and Purification Technology, 2019, 223: 88-95.

[35] Su W Q, Pan R Y, Xiao Y, et al. Membrane-free electrodeionization for high purity water production[J]. Desalination, 2013, 329: 86-92.

[36] Hakim A N, Khoiruddin K, Ariono D, et al. Ionic separation in electrodeionization system: Mass transfer mechanism and factor affecting separation performance[J]. Separation & Purification Reviews, 2020, 49(4): 294-316.

[37] Park S, Kwak R. Microscale electrodeionization: in situ concentration profiling and flow visualization[J]. Water Research, 2020, 170: 115310.

[38] Grabowski A, Zhang G, Strathmann H, et al. The production of high purity water by continuous electrodeionization with bipolar membranes: Influence of the anion-exchange membrane permselectivity[J]. Journal of Membrane Science, 2006, 281(1/2): 297-306.

[39] Bhadja V, Makwana B S, Maiti S, et al. Comparative efficacy study of different types of ion exchange membranes for production of ultrapure water via electrodeionization[J]. Industrial & Engineering Chemistry Research, 2015, 54(44): 10974-10982.

[40] Zhang Z Y, Chen A C. Simultaneous removal of nitrate and hardness ions from groundwater using electrodeionization[J]. Separation and Purification Technology, 2016, 164: 107-113.

[41] Xu L J, Dong F F, Zhuang H C, et al. Energy upcycle in anaerobic treatment: Ammonium, methane, and carbon dioxide reformation through a hybrid electrodeionization–solid oxide fuel cell system[J]. Energy Conversion and Management, 2017,

140: 157-166.

[42] Goffin C, Calay J C. Use of continuous electrodeionization to reduce ammonia concentration in steam generators blow-down of PWR nuclear power plants[J]. Desalination, 2000, 132(1/2/3): 249-253.

[43] Bunani S, Arda M, Kabay N. Effect of operational conditions on post-treatment of RO permeate of geothermal water by using electrodeionization(EDI)method[J]. Desalination, 2018, 431: 100-105.

[44] Song P Y, Wang J F, Chen C P, et al. Enhanced low field magnetoresistance of Fe_3O_4 nanosphere compact[J]. 2006, 100(4): 044314.

[45] Kikhavani T, Ashrafizadeh S N, Van der Bruggen B. Nitrate selectivity and transport properties of a novel anion exchange membrane in electrodialysis[J]. Electrochimica Acta, 2014, 144: 341-351.

[46] Lee H J, Song J H, Moon S H. Comparison of electrodialysis reversal(EDR)and electrodeionization reversal(EDIR)for water softening[J]. Desalination, 2013, 314: 43-49.

[47] Mei Y, Tang C Y. Recent developments and future perspectives of reverse electrodialysis technology: A review[J]. Desalination, 2018, 425: 156-174.

[48] Doornbusch G J, Tedesco M, Post J W, et al. Experimental investigation of multistage electrodialysis for seawater desalination[J]. Desalination, 2019, 464: 105-114.

[49] Campione A, Gurreri L, Ciofalo M, et al. Electrodialysis for water desalination: A critical assessment of recent developments on process fundamentals, models and applications[J]. Desalination, 2018, 434: 121-160.

[50] Ippersiel D, Mondor M, Lamarche F, et al. Nitrogen potential recovery and concentration of ammonia from swine manure using electrodialysis coupled with air stripping[J]. Journal of Environmental Management, 2012, 95: S165-S169.

[51] Chon K, Lee Y, Traber J, et al. Quantification and characterization of dissolved organic nitrogen in wastewater effluents by electrodialysis treatment followed by size-exclusion chromatography with nitrogen detection[J]. Water Research, 2013, 47(14): 5381-5391.

第 8 章　生物电化学系统回收氨氮技术

近年来，由于对氨的需求急剧增加及传统氨生产为高能量密集型工艺，加强废水氨回收的可行路径正在被如火如荼地开展。生物电化学系统（bioelectrochemical systems，BES）在实验室规模上显示出比其他方法更低的能量需求（以回收的 kJ/g N 计），为氨回收提供了一种替代解决途径。在 BES 中，生物电化学产生的电流驱动 NH_4^+ 从废水通过阳离子交换膜运输到浓缩室，然后再进行后续回收。BES 是生物催化的电化学系统，包含两个连接的电极（阳极和阴极）[1]，在生物能源和生物精炼领域已凸显其重要性。BES 采用微生物作为生物催化剂，并在电化学系统中使用固体电极来提供或提取电子驱动多功能生物化学反应，如利用 CO_2 生产化学品和燃料或消耗有机废物[2]。生物催化剂是能够与固体电极交换（即转移或吸收）电子的电活性微生物，即能够将电子在细胞外转移到固体阳极，在易于生物降解有机化合物的氧化中充当生物催化剂。在阳极氧化过程中释放的电子通过外部电路被阴极接收，阴极发生还原反应（通常是化学反应），电子被提供给末端电子受体。

可用于总氨氮（TAN）回收的 BES 可根据其工作原理分为四类，如图 8.1 所示。如果氧化和还原反应导致负的吉布斯能变化，则电子的流动变成自发的，并且产生电能的系统被称为微生物燃料电池（microbial fuel cell，MFC）。氧气具有高还原电位和可用性，是 MFC 中最常用的阴极电子受体。第二种电池是微生物电解池（microbial electrolysis cell，MEC）。该系统中发生的半反应导致正的吉布斯能变化，因而需要外部能量来驱动氧化和还原反应，外加电压促使阴极处产生氢气，回收部分投加的能量。第三种结构是微生物脱盐电池（microbial desalination cell，MDC）。与 MFC 类似，电流产生是自发的，不同的是 MDC 多了脱盐室，该腔室放置在阳极室和阴极室之间，用一对离子交换膜（ion exchange membrane，IEM）与阳极室和阴极室隔开。MDC 通常具有面向阴极侧的阳离子交换膜（cation exchange membrane，CEM）和面向阳极侧的阴离子交换膜（AEM），由电活性细菌产生的电势梯度驱动离子通过这些膜。最后一种是生物电浓集池（bioelectrochemical concentration cell，BEC），该系统也包含第三腔室且由 IEM 隔开，电场驱动带电物质通过这些离子选择性膜，但与 MDC 相反，在 BEC 中施加外部能量，离子在中间浓缩室聚集。

本章介绍了生物燃料电池、微生物电解电池、微生物脱盐电池和生物电浓集电池等不同 BES 装置中生物脱硝-电化学氨回收基本原理，并比较了 BES 性能，总结该技术面临的关键挑战（低电流密度、碳源的性质和数量、底物氨浓度、膜的使用、能量产量、回收效率等），以更好地理解当前的瓶颈，为实现规模扩大和工业应用提供参考。

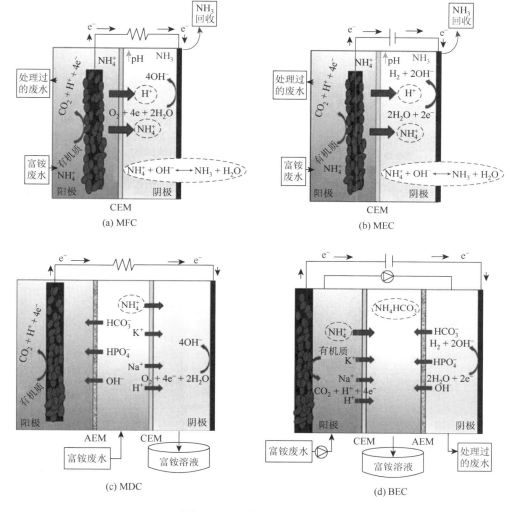

图 8.1　BES 的四种工作原理

8.1　废水中 TAN 的生物电化学回收机理

在 BES 中，阳极室有机物被氧化并释放电子[如乙酸氧化，式（8.1）]，并通过外部回路输送到阴极。产生的电子在阴极被用于诸如 MFC 中的氧还原过程[式（8.2）]或微生物电解池（microbial electrolysis cell，MEC）或生物电化学电池（bioelectrochemical cell，BEC）中的氢生产[式（8.3）]。

$$阳极：\quad CH_3COO^- + 4H_2O \longrightarrow 2HCO_3^- + 9H^+ + 8e^- \tag{8.1}$$

$$阴极（MFC）：\quad O_2 + 2H_2O + 4e^- \longrightarrow 4OH^- \tag{8.2}$$

$$阴极（MECs/BECs）：\quad 2H_2O + 2e^- \longrightarrow H_2 + 2OH^- \tag{8.3}$$

电流诱导带正电荷的物质（阳离子）穿过 CEM 传输以保持电荷中性[3]。该过程也称为电迁移，其利用电迁移将废水中含有的 NH_4^+ 从阳极室输送到阴极室。阳极有机物氧化还释放质子使得阳极呈酸性[式（8.1）]，而阴极室由于产生 OH^- 的还原反应而倾向于变成碱性[式（8.2）～式（8.3）]。一旦 NH_4^+ 被输送到阴极，在高 pH 环境中部分地被置换成 NH_3（在 $T = 25℃$ 时，$pK_a = 9.246$）以维持适当的 NH_4^+ 浓度梯度。然而，从能量角度来看，pH 梯度也会增加阳极和阴极过电位，降低系统性能[4]。

生物电化学 TAN 回收包括三个基本步骤：① NH_4^+ 从阳极室转移到阴极室的电迁移；② 碱性条件使 NH_4^+ 置换为 NH_3；③ NH_3 提取回收（图 8.2）。

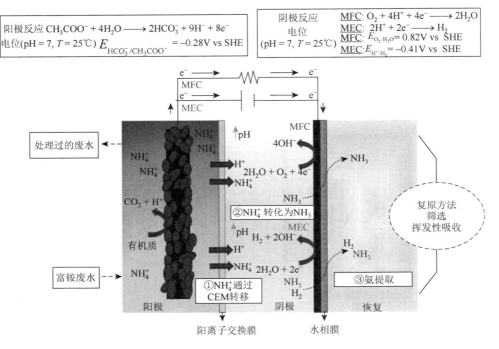

图 8.2　TAN 回收的三个基本步骤

8.1.1　NH_4^+ 从阳极室转移到阴极室

TAN 回收的第一步是通过 CEM 将 NH_4^+ 从阳极室迁移到阴极室。参与该过程的膜（CEM）由致密的交联聚合物链组成，链上固定着带负电荷的基团。由于水合离子尺寸相对较小，扩散速度较快，所以 NH_4^+ 很容易地通过 CEM。不仅仅是 NH_4^+ 很容易通过 CEM，其他阳离子也可以通过。Volkov 等[5]报道了不同阳离子的氢化半径，其中 NH_4^+（0.331nm）与 K^+ 相似，但小于其他阳离子，如 Na^+（0.358nm）、Ca^{2+}（0.412nm）或 Mg^{2+}（0.430nm）。

驱动 NH_4^+ 通过 CEM 传输的主要机制包括：① Donnan 排斥：CEM 中的固定负电荷基团在膜上创建防止阴离子扩散的 Donnan 势；② 电迁移：由于跨膜施加的电势差而将 NH_4^+ 吸引到阴极；③ 浓度梯度：NH_4^+ 从较高浓度室（阳极）扩散到较低浓度区域（阴极），直到达到平衡；④ 离子交换：CEM 具有与固定负电荷基团相关联的移动阳离子，所述固定

负电荷基团可以与 NH_4^+ 进行离子交换；⑤水介导的传输：水分子可以在 NH_4^+ 周围形成水合壳，允许它们通过溶剂化/去溶过程穿过膜。

NH_4^+ 迁移速率取决于氨浓度、膜特性、pH、温度、溶液中其他离子以及从阴极电解液中提取 NH_3 的效率等因素。有研究人员研究了商业 CEM 用于 TAN 回收的适用性（即 NafionN117、CMI-7000、CMH-PPRalex、CEM I 型和 II 型），结果表明，NH_4^+ 传输主导了 CEM 上的电流。理论上每个通过外部电路的电子传输一个 NH_4^+[6]，但事实上，NH_4^+ 可能仅传输总电流的 40%，因为底物中 Na^+、K^+、Mg^{2+}、Ca^{2+} 的浓度较高会阻碍 TAN 回收[7]，即阳离子竞争性迁移。这种竞争可以通过迁移数来量化 [式（8.4）]：

$$t_i = V \cdot F \cdot z_i \cdot \frac{c_i(0) - c_i(t)}{\int_0^t I_{tot} dt} \qquad (8.4)$$

其中，t_i 表示 i 的迁移数；V 是阴极电解液的体积；F 是法拉第常数；z_i 是离子 i 携带的电荷；$c_i(0)$ 和 $c_i(t)$ 分别是在时间为零和时间为 t 时的浓度；$I_{tot} dt$ 是时间段 t 内由电子在外部电路转移的电荷总和。理想情况下，生物电化学 TAN 回收系统应使 NH_4^+ 迁移数接近 1。

由于离子迁移是电流驱动的，需考虑电流和 TAN 负载速率之间的比率。负载比（L_N）是进料废水产生的电流与 NH_4^+ 负载的比率[8] [式（8-5）]。

$$L_N = \frac{i \cdot M_{TAN}}{Q_{TAN} \cdot z_{NH_4^+} \cdot F} \qquad (8.5)$$

其中，i 是产生的电流，A；M_{TAN} 是 TAN 的摩尔质量（$14gN \cdot mol^{-1} TAN$）；Q_{TAN} 是以 $gTAN \cdot d^{-1}$ 计的负载到接收室的 TAN，z 是 NH_4^+ 的电荷，为 1；F 是法拉第常数（96485C/mol）。若 $L_N < 1$，则意味着电流太低而不能输送所有 TAN，所以 TAN 将在阳极室中累积；$L_N = 1$ 表示 TAN 负载和施加的电流平衡的情况；$L_N > 1$ 意味着所有 TAN 和额外的阳离子可以通过所产生的电流进行运输。

8.1.2　NH_4^+ 转化为 NH_3

NH_4^+ 是一种弱酸（25℃时 $pK_a = 9.246$），因此在水溶液中部分解离。NH_4^+ 和 NH_3 的相对量由介质的 pH 决定。要想获得更多 NH_3，需要高于 pK_a 的 pH 来驱动 NH_4^+ 转化为 NH_3[49]。根据勒夏特列（Le Chatelier）原理，连续的 NH_3 提取将促进 NH_4^+ 转化。这一过程又有利于高浓度的 NH_4^+ 通过 CEM 迁移。由于电化学驱动的 pH 明显高于 NH_4^+ 的 pK_a，则阴极法拉第反应产生 OH^- 成为主要研究目标。如果外加电流能够在阴极通过法拉第反应产生 OH^-，则电极表面的 pH 可作为施加的电流密度、H^+ 和 OH^- 扩散的函数。例如，在电流密度约为 $17A/m^2$（在某些操作条件下）时，阴极表面 $30\mu m$ 处的 pH 为 13.8[9]，即 pH 可以被调节至满足 NH_4^+ 穿过 CEM 与 OH^- 反应的所需值。

8.1.3　NH_3 提取与回收

有效 NH_3 提取可以提高基于阴极平衡的 BES 性能，从而提高 TAN 回收率。NH_3 提取常见的技术包括汽提、跨膜化学吸附（transmembrane chemical sorption，TMCS）和正向渗透[10]。目前报道的一种新兴方法是将电极集成到疏水膜上，形成气体扩散电极（gas diffusion electrode，GDE），TAN 可以在膜的另一侧作为溶解盐回收。之后，NH_3 可以通过酸吸收、浓缩或鸟粪石沉淀实现回收。

汽提是通过将气体喷射到 TAN 浓缩溶液中实现的。高性能汽提需要高气体流速、高温和高 pH，因此除了需要 pH 调节的碱剂量外，还需要相当大的能量输入（30～90kJ/gN）[11]。疏水膜（如 PTFE 或 PP 基膜）具有透气微孔能降低能耗而受到关注。TAN 回收的驱动力是跨膜的氨浓度梯度和电解液与回收室溶液之间的 pH 差。BES 中使用最少的方法是正向渗透，其基于半透膜施加渗透压将水与溶解氨分离。

8.2　生物电化学系统回收氨氮构型

8.2.1　微生物燃料电池

微生物燃料电池（microbial fuel cell，MFC）是一种利用微生物将有机物氧化产生电能的装置。虽然 MFC 主要用于发电，但其也可以用于处理废水中的污染物，包括氨氮。实验室规模上与发电有关的 NH_4^+ 氧化已有报道[12]。目前这项技术仍处于新兴阶段，超过 80%的实验使用模拟尿液、猪粪便或合成粪便废水。部分研究表明，当使用外部反萃取单元时，氧在水中的低溶解度会限制其用于电化学还原的可用性。为避免这种限制，学者采用空气扩散阴极促进氧气扩散[13]。在 MFC 中用于 TAN 回收的材料与在其他类型的 MFC 中使用的材料相比没有差异，最常见的阳极材料是碳毡和石墨毡，因为它们具有高导电性、机械稳定性、相对低的成本、较大表面积和孔隙率，可提供丰富的氧化还原反应位点[14]。阴极材料多种多样，Pt 是还原反应中最常用的催化剂，不锈钢则是更经济的替代材料。

超过 90%基于 MFC 的 TAN 回收采用双室结构，并且电流驱动 NH_4^+ 通过 CEM 从阳极室迁移至阴极室。Kuntke 等[15]报道了双室系统中在 $2.6A/m^2$ 电流密度下，使用未稀释的尿液实现了 $9.57gN/(m^2 \cdot d)$ 的 TAN 回收速率，氨回收的净能量产量为 10kJ/gN，优于常规氨汽提的约 32kJ/gN。Yang 等[16]报道了 MFC 和 TAN 回收作为微生物蛋白质生产 N 源的耦合工艺，回收效率高达 53%～61%（初始浓度约 2g/L）。Zhang 等[12]报道了在阴极电解液中使用可溶性电子介体，在 $1.2A/m^2$ 电流密度下，TAN 回收效率和速率分别为 90.8%、$6.9gN/(m^2 \cdot d)$。Han 等[17]报告了在 $0.416A/m^2$ 电流下 TAN 回收效率和速率分别为 91%和 $2.6gN/(m^2 \cdot d)$。类似地，三腔室 MFC 装置中，阴极室由空气扩散阴极装置界定，该装置允许空气气流通过阴极表面提供氧气，同时进行氨汽提。该系统在 $1.6A/m^2$ 电流密度下获得 31.2%的回收率和 $6.8gN/(m^2 \cdot d)$ 的回收速率。另一方面，单室 MFC 回收 TAN 时可形成鸟粪石（$MgNH_4PO_4$）沉淀，如 Zang 等[18]将鸟粪石沉淀反应器与单室 MFC 耦合，在初始浓度大于 1g/L 时，电流密度接近 $1A/m^2$，TAN 回收率高于 70%，回收速率大于 $10gN/(m^2 \cdot d)$。但是，这些结构的主要缺点是磷和氮之间存在不平衡，导致氮回收率较低。

8.2.2　微生物电解池

从 MFC 到 MEC 的转换改变了能源消耗方面的观点。在 MEC 中，施加外部电能以促进产生电流的氧化和还原反应。MEC 具有几个优点：①可以实现更高的电流密度，增强电迁移；②通过还原反应的碱度产生而促进氨提取；③氢气的产生可以帮助从阴极电解液中汽提 NH_3 并维持 CEM 上的浓度梯度；④所产生的氢气具有比电更高的经济价值。

现总结了 MEC 的 TAN 回收性能（电流密度、回收率和回收速率）。基于 MEC 的 TAN 回收中使用的两种最常见的配置是双腔 MEC 和三腔 MEC。TAN 也在单室 MEC 中通过沉淀作为鸟粪石回收，但由于真实废水中 N 的化学计量过量，大多数针对鸟粪石沉淀的研究都集中在 P 回收优化而非 TAN 回收。

在双室 MEC 中，NH_3 通常通过使用空气入口或产生的气体的汽提从催化剂电解液中提取，然后在单独的酸性吸收塔中回收。阴极室可以通入气体，或者阴极电解液可以在单独的汽提塔中通入气体。来自空气的氧气可以用作阴极电子受体，允许高阴极电势运行以降低外部能量需求。然而，因为大量的气体需要喷射才能进入阴极电解液溶液，消耗了超过 50% 的总能量。虽然有报道指出 TAN 去除速率增加到 $173gN/(m^2 \cdot d)$[24]，但 Carucci 等[19]在双室 MEC 中获得的最高去除速率仅为 $70gN/(m^2 \cdot d)$。

另外，具有膜接触器的三室系统已被认为是能量密集度较低且简单的替代构型。该系统中 TAN 在回收室中浓缩，并用膜与阴极电解液分离，回收室需要 TAN 从阴极室有效转移到回收室。在转移过程中会出现两种可能性：使用疏水膜和使用 GDE。第一种使用疏水膜的情况下，由于表面张力效应，膜的小孔径和疏水性防止液相进入孔，如 Cerrillo 等的研究[20]证明了具有疏水膜（如 PTFE）的三室 MEC 产生的电流强度是双室 MEC 的两倍（分别为 $1.40A/m^2$ 和 $0.61A/m^2$）。同样，三腔 MEC 中的 TAN 回收速率[$36gN/(m^2 \cdot d)$]显著高于双腔[$17gN/(m^2 \cdot d)$]。这主要是由于前一种情况下的阴极 pH 较高。第二种采用 GDE 情况下，如 Hou 等[21]使用镍基 GDE，并获得了比在具有分离电极和疏水膜的对照反应器中高 40% 的 TAN 回收速率[$36.2gN/(m^2 \cdot d) \pm 1.2gN/(m^2 \cdot d)$]和更高的电流密度（$25.5A/m^2$）。因此，在外部能量施加的情况下，增大了电流密度，即使处理具有高 TAN 浓度的废水时，系统也可以在高 L_N 下运行。

MEC 中的 TAN 回收性能可能受到限制电流产生的因素影响，例如底物组成、电导率、pH、抑制化合物或离子转移，特别是竞争阳离子、固体/化合物导致的膜污染。加上微生物的参与，BES 比电化学系统更容易受到电流波动的影响，这也影响了电流驱动的电迁移导致的 TAN 回收。针对这些问题，目前有三种不同的策略用于施加外部电能：①控制电极电位（恒电位）；②控制电池电压；③控制电流（恒电流）。所需的外部施加电压取决于所需的氧化和还原反应以及系统的内阻，值的范围从氧还原阴极的 0.2V 到氢产生阴极的 2V 以上。重要的是，一个电极性能差可能导致另一个电极电势相应地改变，使其超出期望的氧化或还原反应所需的范围，从而限制所产生的电流强度。

在恒定电流模式下，也有多种因素（如底物浓度的变化）导致极端电极电位产生，从而破坏电活性生物膜。最典型的是阳极电位的显著增加使电极电位进入除了有机物氧化之外还发生水解反应生成氧的范围。氧气释放可降低库仑效率，触发阳极生物膜脱离，并增强不期望的需氧微生物培养物的生长，从而阻碍有机物质的化学能的利用。

8.2.3 微生物脱盐池

MDC 像 MFC 一样产生电能，但区别特征是结合了额外的腔室。在常规 MDC 配置中，脱盐室放置在阳极室和阴极室之间，并且用 AEM 与阳极室隔开，用 CEM 与阴极室隔开。由产生的电流引起的阳极电解液和阴极电解液之间的电荷不平衡促进阳离子和阴离子分别通过 CEM 和 AEM 的运输[22]。尽管在阳极和阴极之间引入额外的膜和腔室增加了系统的内阻，但阳极电解液和脱盐溶液之间以及阴极电解液和脱盐溶液之间的高浓度梯度在膜上产生的电势，可以克服由于添加脱盐室而产生的电势损失。由于在 MDC 中 TAN 从脱盐室转移到阴极室，阳极微生物不会暴露于高浓度的 TAN 下，减小了氨的阳极抑制风险，并能够从极浓水流中回收 TAN[23]。因此，在 MDC 中获得的用于 TAN 回收的电流密度一般比在 MFC 中的电流密度高一个数量级。

在 MDC 中，TAN 常通过汽提从阴极电解液中回收，然后随着阴极 pH 的增大而吸收，空气中的氧气作为电子受体。Yang 等[24]交换了 AEM 和 CEM 的位置，获得了 $11.5gN/(m^2 \cdot d)$ 的 TAN 回收速率，并将 TAN 从阳极电解液浓缩到中间室。除了传统的三室结构外，将 AEM 和 CEM 膜放置在阳极室和阴极室外部的潜水双室 MDC，可从周围溶液中回收到 TAN 且不需要额外的腔室。这种潜水式 MDC 的 TAN 回收速率已增大到 $86gN/(m^2 \cdot d)$[25]。

BEC 是一种混合微生物电解/电渗析池，专门设计用于回收 TAN 和其他离子。与常规 MDC 一样，BEC 在阳极室和阴极室之间包含额外的室，其通过 CEM 与阳极室隔开，并通过 AEM 与阴极室隔开。施加外部电能以产生电流，该电流驱动 TAN 和其他阳离子从阳极电解液输送到浓缩室，同时将阴离子（例如 PO_4^{3-}、HCO_3^-）从阴极室输送到同一浓缩室。由于 AEM 和 CEM 的交替，已经报告了具有多达六个腔室的体系。这些配置的出口是 TAN 浓缩溶液和无 TAN 溶液。外部能量的使用允许在 $50A/m^2$ 的高电流密度下实现最高 TAN 回收速率为 $430gN/(m^2 \cdot d)$，且在没有任何化学添加剂的情况下可从合成尿中回收富氮固体（以具有 17%N 含量的纯碳酸氢铵晶体的形式）。

在 MDC 和 BEC 中并不希望 NH_3 通过 AEM 扩散，因为这种扩散不仅降低 TAN 回收效率，而且会导致游离氨对阳极生物膜的抑制。NH_3 传输通常是由于膜上的高浓度梯度和膜的选择渗透性不足，而 TAN 可以通过促进扩散通过 AEM 运输，其中由于 AEM 内部的高 pH，部分 NH_4^+ 转化为 NH_3。然后，NH_3 扩散通过 AEM，并在进入酸性溶液时转化回 NH_4^+。通过使用仅允许特定离子传输的选择性膜，可以增强所需离子的传输和防止不需要的离子的传输。因此，使用选择性 CEM 可以显著提高从通常含有多种阳离子的废水中回收 TAN 的效率。

8.3 挑战和前景

8.3.1 电流密度

通过 CEM 的 NH_4^+ 传输（即电迁移）由电流驱动，因此高电流密度产生高 TAN 回收速率。在 MFC 和 MDC 中，电流是自发产生的，而在 MEC 和 BEC 中，施加外部能量并以较低的能量产额为代价获得显著更高的电流密度（以及更高的 TAN 回收速率）［图 8.3（a）］。高电流密度导致更高的阴极电解液 pH，这有利于 TAN 回收。在不同情况下，其他阳离子从阴极到阳极的迁移也被用于改善 TAN 回收。当膜上存在浓度梯度时发生 Donnan 透析，即通过膜交换相同电荷的离子；若不存在电流强度，带正电的离子会同时从阳极电解液移动到阴极电解液，而已在阴极电解液侧积累的除 NH_4^+ 之外的阳离子可移动回阳极电解液侧。在 TAN 回收过程中，可利用累积的 K^+ 和 Na^+ 阳离子促进 NH_4^+ 从阳极电解液到阴极电解液的运输，但前提是大部分 NH_3 已从阴极电解液中有效去除。

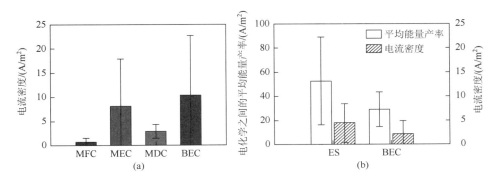

图 8.3　（a）不同生物电化学系统的电流密度和（b）电化学之间的平均能量产率和电流密度

　　生物电化学的 TAN 回收需要高电流密度。迄今为止报道的最高电流密度为 $37.6A/m^2$（平均值为 $29.3A/m^2$），在 BEC 中施加 1.46V，该反应器使用合成尿（pH 为 9.2）和简单生物质。电流密度效率为 94.43%，意味着生物电化学将 COD 大部分化学能转化为电荷。据报道，高阳极 pH 导致高电流密度，但微生物多样性因条件更严格而较低，因此产电菌对底物的竞争较少。无论在何种情况下，生物电化学获得的电流密度仍远低于纯电化学系统。电化学分离过程中的 TAN 回收速率通常为 $120\sim1010gN/(m^2 \cdot d)$，具有大于 90% 的高选择性。大多数基于电化学的 TAN 回收关注阴极和疏水膜之间的物理分离，该过程限制气态 NH_3 的扩散[26]。例如，在纯电化学系统中，电流密度为 $50A/m^2$、能量需求为 $56.3kJ/gN$ 时，TAN 传输速率高达 $335gN/(m^2 \cdot d)$。Lee 等[27]使用 GDE，TAN 回收速率为 $890gN/(m^2 \cdot d)$，电流密度为 $100A/m^2$，TAN 回收效率接近 100%。生物电化学中产生的电流远低于电化学系统中产生的电流，但这种系统消耗更少的能量，并且可以使用来自废物（废水处理）而非传统阳极氧化反应的电子。

　　目前，通过生物电化学回收每克氮所需的能量很低，证明了对生物电化学关注的合理性——MDC 具有最低的能量输入与能量输出比率（0.1）。生物电化学、膜技术和汽提似乎是平衡能量需求和效率的最佳选择[61]。因此，下一步研究将集中在增加电流密度方面。如图 8.3（b）所示，尽管 MEC 和 BEC 需要外部能源，但其能源需求仍与许多其他传统脱氮工艺相当；从循环经济角度看，TAN 去除不如 TAN 回收有益。MEC 能耗低于 $21.6kJ/gN$，与硝化/反硝化（$46.8kJ/gN$）、空气吹脱（$32.4kJ/gN$）和厌氧氨氧化（$18kJ/gN$）处于同一范围；基于膜的 BES 可获得高 TAN 回收率，能耗范围为 $4.5\sim10kJ/gN$。

　　总的来说，生物电化学 TAN 回收比哈伯-博施（Haber-Bosch）方法更具竞争力。在

MEC 中,由施加电能引起的能量需求增加可以通过在阴极产生能量载体(即氢气或甲烷)和在阳极进行废弃有机化合物的微生物氧化来部分或完全补偿,MEC 中 TAN 回收过程产生的氢的能量含量高达所消耗电能的 142%。

8.3.2　提高电流密度面临的挑战

BES 研究的目标是获得不受电流密度限制的系统。负载比是描述电流密度与流入液 TAN 浓度之间比率的参数。Arredondo 等[28]证明,电流密度和 TAN 加载速率不能独立控制,电流密度的大小取决于 COD 氧化,这反过来又受到阳极电位和 pH 等因素的影响。MFC 的 L_N 往往小于 1,而 MEC 的 L_N 大于 1。L_N 小于 1 意味着电流密度不足以将所有 NH_4^+ 从阳极电解液转移到阴极电解液。因此,在这样的系统中,必须降低 TAN 负载以实现高 TAN 回收效率。即使对于接近 1 的 L_N 值,也必须运输 NH_4^+ 以外的阳离子,由于在更高 L_N 下操作不会显著改善 TAN 回收效率,因此 1.3 被认为是最佳 L_N。

电流产生的最重要参数是电极材料、生物膜发展和有机源的性质。有机负载率至关重要,因为外生电子传递不应成为获得高电流密度的限制步骤。氨回收的优选实际场景是高度有机浓缩的底物,例如猪浆、尿液或粪便。目前相关研究停留在实验室规模,大多数综述案例也使用模拟废水。高浓度废水含有各种具有不同化学组成和生物降解性的有机底物,其性质影响微生物活性。因此,真实废水中存在的复杂有机化合物可能会阻碍生物电化学性能。尿液是 BES(含大量可生物降解的 COD)和 TAN 回收(高铵浓度)的典型底物,并受到广泛关注[29]。一些化合物如尿素或尿酸不能被胞外产电菌直接用作碳源,需要先前的水解/发酵步骤进行预处理。Yang 等比较了原水和厌氧消化废水(约 2gN/L),厌氧预处理可获得约 40% 的 TAN 回收率,比原水高 2.5 倍[16]。

在电极材料方面,用于 TAN 回收的 BES 必须遵循与常规 BES 相同的趋势。新型阳极应具有低过电位,以及高导电性、表面积、生物相容性和成本效益。新型阴极(在 BEC 或 MEC 中)应降低阴极处析氢的过电位,同时使用比 Pt 更便宜且更可持续的材料。如果 TAN 回收是 MEC 的主要目标,则阴极的氢气生产可能不是必需的,并且可以找到更有效的替代品(即使用生物阴极)。生物阴极可以降低阴极过电位,从而降低能量需求。例如,在减少有机物含量和从沼气发酵的猪泥浆中提质沼气时,将电产甲烷 MEC 与 TAN 回收相结合,将阴极电解液泵入具有用于 TAN 回收的疏水膜的回收池中,阴极 pH 较低(使用 TAN 回收系统为 7.6,不使用 TAN 回收系统为 8.88),提高了甲烷产量[73L/(m³·d)][30]。

另外,使用阴极产生的氢作为电子供体来降低阳极电位(氢循环电化学系统),如将 MEC 的流出物进料到与 MEC 共享阴极的并联 MEC 的阳极,用于电化学 TAN 回收。MEC 获得的回收效率为 94%,而电化学氢气再循环系统的额外处理能将其提高到 99%[31]。

8.3.3　废水氨浓度的重要性

BES 用于高 NH_4^+ 浓度的废水回收 TAN 时,高阳极电解液浓度促进 NH_4^+ 通过 CEM 运输。由于 NH_4^+ 的浓度梯度高于其他阳离子,因此 NH_4^+ 是主要的电荷载体。然而,即使在低浓度下,多价离子也能够迁移,且电迁移与每种离子的初始浓度成比例。然而,游离氨的潜在抑制作用,高 TAN 浓度也会阻碍生物过程,导致 MFC 的性能降低并延长启动时间[32]。

这意味着在工作电极上形成能够耐受高游离氨浓度的成熟生物膜至关重要，因此系统中的微生物分布可能不同于通常报道的非 NH_3 驯化的阳极生物膜。目前，富集铵耐受性产电微生物群落的常用做法是从氨暴露的 MFC 切换到 MEC，而不是直接以 MEC 模式开始。研究游离氨对 MEC 中电化学活性生物膜的影响发现，阳极生物膜的电化学活性阈值为 1gN/L，而驯化的生物膜可耐受浓度高达 4gN/L。建议通过降低 pH 以保持大部分 TAN 为 NH_4^+ 来减轻游离氨的抑制作用。

高 TAN 浓度还可能导致铵盐不受控制的沉淀。在 BES 处理过程中，需通过预处理步骤去除/沉淀其他阴离子以避免内部结垢，或可将这些矿物的沉淀视为化学 TAN 回收方法。例如，BES 以鸟粪石形式同时回收氮和磷的主要缺点是阴极结垢，这会阻碍阴极附近的传质，进而影响电化学性能。在电驱动的 BES 阳极侧，也可通过聚磷酸盐积累生物体同时回收氮和磷。但由于缺乏足够量的 P 和 Mg，通过鸟粪石沉淀完全回收 TAN 对于富含 TAN 的废水通常不可行，并且这些元素的外部剂量会显著增加 TAN 回收的成本。

8.3.4　氨回收的 BES 放大

目前，研究最多的是如何从阴极室中提取 TAN，包括沉淀、反向提取 + 吸附和基于 NH_3 提取的隔膜。虽然这些方法已在未集成到 BES 的情况下进行了全面测试，但以放大为目标时，汽提 + 吸收需要大量的能量用于曝气。例如，Boehler 等[33]报道了在克洛滕-奥普菲孔污水处理厂处理 5～7m³/h 污水的氨汽提装置性能。该装置集成了 CO_2 汽提塔以降低 NaOH 需求。然而，当在外部空气添加的情况下进行提取时，氧气侵入会降低生物阳极性能。在 MEC 中，NH_3 可用产生的气体（即 H_2）进行汽提，但有效的汽提需要较高的气体生成速率。上述工艺在汽提后需要单独的吸收过程，为了直接从液体中回收 TAN，可以使用透气膜。例如，疏水膜在工业上比中试规模的 GDE 应用更广泛。虽然基于膜的电极更复杂（存在结垢、压力重建、选择性 NH_3 分离等问题），但效率更高，能源需求更低。利用疏水中空纤维膜在诺伊古特污水处理厂可将 pH 大于 9.3 的游离氨气回收为浓硫酸，形成硫酸铵。另外，Molinuevo-Salces 等[34]设计了一个农场的中试规模示范工程。该工程使用透气膜从未处理的粪肥中回收氮，TAN 回收效率为 38.20gNH_3-N/(m²·d)。在膜渗透性、材料导电性以及膜成本和可扩展性等因素中，膜渗透性最为关键，因为对于所需的回收目标，它直接决定了所需材料的量和与工艺相关的成本。其次，膜阴极的电导率也很重要，低电导率会导致表面电位降（电阻损失）增大，需要更高的能量，并引发不期望的电化学反应。导电聚合物膜的开发，包括碳纳米管（carbon nanotube，CNT）、石墨烯或炭黑等，已经改善了电极性能，但导电性仍相对较低。

尽管在实验室规模的电化学系统中获得了较高的 TAN 回收速率，但只有少数研究集中在中试规模的 TAN 回收上。Ward 等[35]使用 30 膜对的电渗析系统在 20A/m² 的电流强度下从废水中回收 TAN，总膜面积为 7.2m²，处理 75L/h 的预处理浓缩物。TAN 回收速率为 100gN/(m²·d)，能耗为 17.6kJ/gN。Ferrari 等[36]将 65 个电池对的中试规模双极电渗析装置（总膜面积 3.15m²）连接到两个液/液膜接触器模块的系统。利用该中试装置处理 150L/h 厌氧微生物废水时，TAN 回收速率为 193.3gN/(m²·d)，在连续施加 75A/m² 电流的情况下能耗为 129kJ/gN，TAN 回收速率为 74.9gN/(m²·d)，在间歇电流（Donnan 模式）下能耗为 22.7kJ/gN。最近，有研究使用 65 膜对的中试规模单元进行 pH 控制的双极电渗析，处理稀释尿液（41.7L/h），并在 100A/m² 的电流密度下获得 223gN/(m²·d) 的 TAN 回收速率，能耗为 46.8kJ/gN。关于使用 BES 的中试规模进行 TAN 回收的研究较少。Zamora 等[37]首次报道了按比例放大的 MEC 从尿液中回收营养和能量。在第一步中，该系统作为鸟粪石反应器回收磷。在第二步中，MEC 与可渗透疏水膜偶联，TAN 作为硫酸铵溶液回收。当在 0.5V 的施加电压和 1.7A/m²±0.2A/m² 的平均电流密度下，以稀释（2 倍）和未稀释的尿液进料时，该系统稳定运行 6 个月。在稳定的电流生产期间，CEM 上的 TAN 传输效率为 92%±25%，TAN 回收的能量消耗为 4.9kJ/gN，低于竞争的电化学脱氮/回收技术。

使用 BES 从废水中回收 TAN 为传统系统提供了一种有趣的低能耗替代方案。目前，由于报道的高 TAN 回收速率，电化学 TAN 回收具有比 BES 更大规模的应用。事实上，BES 显示出较低的能量需求，但是 TAN 回收速率高度依赖于产生的电流密度，并且在 BEC 中获得了最高的 TAN 回收速率，其有机物性质和浓度是必不可少的——这是因为 COD 必须产生足够的电流来驱动 NH_4^+ 的运输。容易生物降解的 COD 是优选，以防止发酵/水解成为限制步骤。氨浓度是一个关键参数，因为一方面需要高氨浓度来促进其穿过 CEM 的运输，但另一方面过高的浓度可能导致生物膜的毒性。生物膜对高氨浓度的适应可以有助于使氨抑制的影响最小化。高有机废水，如猪泥浆、尿液或粪便似乎是最好的选择。在 NH_3 回收的不同选择（汽提、沉淀和吸收）中，膜最为关键，需要 CEM 将 NH_4^+ 从阳极运输到阴极，疏水膜在 NH_3 转移到回收室中可能起非常重要的作用，AEM 大概率存在于 MDC 和 BEC 中。目前，汽提是 BES 中最常用的 TAN 回收方法，因为技术简单，但曝气仍需要大量的能量。

参 考 文 献

[1] Galeano M B, Sulonen M, Ul Z, et al. Bioelectrochemical ammonium recovery from wastewater: A review[J]. Chemical Engineering Journal, 2023, 472: 144855.

[2] Chu N, Liang Q J, Jiang Y, et al. Microbial electrochemical platform for the production of renewable fuels and chemicals[J]. Biosensors and Bioelectronics, 2020, 150: 111922.

[3] Kuntke P, Smiech K M, Bruning H, et al. Ammonium recovery and energy production from urine by a microbial fuel cell[J]. Water Research, 2012, 46(8): 2627-2636.

[4] Ruiz Y, Baeza D J A, Guisasola D A. Enhanced performance of bioelectrochemical hydrogen production using a pH control strategy[J]. ChemSusChem, 2015, 8(2): 389-397.

[5] Volkov A G, Paula S, Deamer D W. Two mechanisms of permeation of small neutral molecules and hydrated ions across phospholipid bilayers[J]. Bioelectrochemistry and Bioenergetics, 1997, 42(2): 153-160.

[6] Cord-Ruwisch R, Law Y, Cheng K Y. Ammonium as a sustainable proton shuttle in bioelectrochemical systems[J]. Bioresource Technology, 2011, 102(20): 9691-9696.

[7] Liu Y, Qin M H, Luo S, et al. Understanding ammonium transport in bioelectrochemical systems towards its recovery[J]. Scientific Reports, 2016, 6: 22547.

[8] Georg S, de Eguren Cordoba I, Sleutels T, et al. Competition of electrogens with methanogens for hydrogen in bioanodes[J]. Water Research, 2020, 170: 115292.

[9]　Iddya A, Hou D X, Khor C M, et al. Efficient ammonia recovery from wastewater using electrically conducting gas stripping membranes[J]. Environmental Science: Nano, 2020, 7(6): 1759-1771.

[10]　Kuntke P, Rodrigues M, Sleutels T, et al. Energy-efficient ammonia recovery in an up-scaled hydrogen gas recycling electrochemical system[J]. ACS Sustainable Chemistry & Engineering, 2018, 6(6): 7638-7644.

[11]　Desloover J, Woldeyohannis A A, Verstraete W, et al. Electrochemical resource recovery from digestate to prevent ammonia toxicity during anaerobic digestion[J]. Environmental Science & Technology, 2012, 46(21): 12209-12216.

[12]　Zhang D X, Zhai S Y, Zeng R, et al. A tartrate-EDTA-Fe complex mediates electron transfer and enhances ammonia recovery in a bioelectrochemical-stripping system[J]. Environmental Science and Ecotechnology, 2022, 11: 100186.

[13]　Losantos D, Aliaguilla M, Molognoni D, et al. Development and optimization of a bioelectrochemical system for ammonium recovery from wastewater as fertilizer[J]. Cleaner Engineering and Technology, 2021, 4: 100142.

[14]　Huong Le T X, Bechelany M, Cretin M. Carbon felt based-electrodes for energy and environmental applications: A review[J]. Carbon, 2017, 122: 564-591.

[15]　Kuntke P. Nutrient and energy recovery from urine[D]. Wageningen University and Research, 2013. DOI: 10.18174/254782

[16]　Yang Z Y, Tsapekos P, Zhang Y F, et al. Bio-electrochemically extracted nitrogen from residual resources for microbial protein production[J]. Bioresource Technology, 2021, 337: 125353.

[17]　Han C J, Yuan X L, Ma S K, et al. Simultaneous recovery of nutrients and power generation from source-separated urine based on bioelectrical coupling with the hydrophobic gas permeable tube system[J]. Science of the Total Environment, 2022, 824: 153788.

[18]　Zang G L, Sheng G P, Li W W, et al. Nutrient removal and energy production in a urine treatment process using magnesium ammonium phosphate precipitation and a microbial fuel cell technique[J]. Physical Chemistry Chemical Physics, 2012, 14(6): 1978-1984.

[19]　Carucci A, Erby G, Puggioni G, et al. Ammonium recovery from agro-industrial digestate using bioelectrochemical systems[J]. Water Science and Technology, 2022, 85(8): 2432-2441.

[20]　Cerrillo M, Burgos L, Serrano-Finetti E, et al. Hydrophobic membranes for ammonia recovery from digestates in microbial electrolysis cells: Assessment of different configurations[J]. Journal of Environmental Chemical Engineering, 2021, 9(4): 105289.

[21]　Hou D X, Iddya A, Chen X, et al. Nickel-based membrane electrodes enable high-rate electrochemical ammonia recovery[J]. Environmental Science & Technology, 2018, 52(15): 8930-8938.

[22]　Cao X X, Huang X, Liang P, et al. A new method for water desalination using microbial desalination cells[J]. Environmental Science & Technology, 2009, 43(18): 7148-7152.

[23]　Zhang Y F, Angelidaki I. Submersible microbial desalination cell for simultaneous ammonia recovery and electricity production from anaerobic reactors containing high levels of ammonia[J]. Bioresource Technology, 2015, 177: 233-239.

[24]　Yang F F, Zhang K, Zhang D J, et al. Treatment and nutrient recovery of synthetic flowback water from shale gas extraction by air-cathode(PMo/CB)microbial desalination cells[J]. Journal of Chemical Technology & Biotechnology, 2021, 96(1): 262-272.

[25]　Zhang Y F, Angelidaki I. Counteracting ammonia inhibition during anaerobic digestion by recovery using submersible microbial desalination cell[J]. Biotechnology and Bioengineering, 2015, 112(7): 1478-1482.

[26]　Kim K Y, Moreno-Jimenez D A, Efstathiadis H. Electrochemical ammonia recovery from anaerobic centrate using a nickel-functionalized activated carbon membrane electrode[J]. Environmental Science & Technology, 2021, 55(11): 7674-7680.

[27]　Lee G, Kim D, Han J I. Gas-diffusion-electrode based direct electro-stripping system for gaseous ammonia recovery from livestock wastewater[J]. Water Research, 2021, 196: 117012.

[28]　Arredondo M R, Kuntke P, ter Heijne A, et al. The concept of load ratio applied to bioelectrochemical systems for ammonia recovery[J]. Journal of Chemical Technology & Biotechnology, 2019, 94(6): 2055-2061.

[29]　Wang N Y, Feng Y J, Li Y F, et al. Effects of ammonia on electrochemical active biofilm in microbial electrolysis cells for synthetic swine wastewater treatment[J]. Water Research, 2022, 219: 118570.

[30]　Cerrillo M, Burgos L, Bonmatí A. Biogas upgrading and ammonia recovery from livestock manure digestates in a combined electromethanogenic biocathode: Hydrophobic membrane system[J]. Energies, 2021, 14(2): 503.

[31]　Chen H, Rose M, Fleming M, et al. Recent advances in Donnan dialysis processes for water/wastewater treatment and resource recovery: A critical review[J]. Chemical Engineering Journal, 2023, 455: 140522.

[32]　Shen Z X, Bai J, Zhang Y, et al. Efficient purification and chemical energy recovery from urine by using a denitrifying fuel cell[J]. Water Research, 2019, 152: 117-125.

[33]　Boehler M A, Heisele A, Seyfried A, et al. (NH$_4$)$_2$SO$_4$ recovery from liquid side streams[J]. Environmental Science and Pollution Research, 2015, 22(10): 7295-7305.

[34]　Molinuevo-Salces B, Riaño B, Vanotti M B, et al. Pilot-scale demonstration of membrane-based nitrogen recovery from swine manure[J]. Membranes, 2020, 10(10): 270.

[35]　Ward A J, Arola K, Thompson Brewster E, et al. Nutrient recovery from wastewater through pilot scale electrodialysis[J]. Water Research, 2018, 135: 57-65.

[36]　Ferrari F, Pijuan M, Molenaar S, et al. Ammonia recovery from anaerobic digester centrate using onsite pilot scale bipolar membrane electrodialysis coupled to membrane stripping[J]. Water Research, 2022, 218: 118504.

[37]　Zamora P, Georgieva T, Ter Heijne A, et al. Ammonia recovery from urine in a scaled-up microbial electrolysis cell[J]. Journal of Power Sources, 2017, 356: 491-499.

第9章 氨作为氢气替代燃料

9.1 引 言

在众多清洁能源中，氢气因来源丰富、燃烧热值高、燃烧产物无污染等优点，被认为是最理想的清洁能源。但氢气制取成本高、储存及运输困难等问题限制了"氢经济"的发展。氨被一些西方学者称为"另一种氢"，液氨相比液氢具有更高的体积能量密度，且更容易液化，常压下氨气在$-33℃$即可液化，而液化氢气需低于$-253℃$，这意味着氨比氢具有更优的存储与运输特性。此外，氨的工业化生产和应用已经有 100 余年的历史，具备完善的存储、运输等基础设施。基于液氨的能源属性以及现有基础设施，液氨作为氢载体具有巨大的潜力。

Haber-Bosch 工艺是目前唯一的大规模氨合成方法，该工艺消耗全球 1%～2%的能源、5%的天然气，占全球 1.6%的二氧化碳排放量。随着全球"减碳"目标的提出，具有"零碳"意义的绿氨越来越引起各国重视，氨的能源化应用也逐渐成为研究热点。氨是一种有毒、无色、具有强烈而独特气味的非碳质燃料。其含有质量分数为 17.6%的氢，氨电解比水电解的耗能少 95%。氨可用于制造移动应用场景的氢气，也可用于电化学传感器、住宅废水处理设施中的硝酸盐脱盐和氮合成[1]。

氨作为一种富氢载体，在能源领域的应用开发已有几十年，但是最初并没有引起各国的重视。2010 年后，氨燃料的研究得到了较快的发展，纯氨、混合氨燃料的性能是重点研究方向。Reiter 等[2]研究了氨和柴油双燃料的压燃式发动机的燃烧和排放特性，研究表明，氨的整体转化率接近 100%。Mørch 等[3]研究了氨氢混合燃料发动机的性能，进行了不同过量空气比和氨氢比的系列对比实验研究，结果表明，氢体积分数为 10%的混合燃料在效率和功率方面表现最佳[3]，并将其与汽油燃料进行比较，由于压缩比较高，效率和功率性能均有所提升。氨燃料具有替代汽油、柴油等化石燃料的应用潜力，其在燃气轮机、锅炉、燃料电池等领域的应用正成为全球研究热点，而国内相关研究较少，仅有少量研究机构将氨作为内燃机燃料进行特性研究。

另外，随着燃料电池的快速发展，氨气在燃料电池中的应用愈发广泛。燃料电池通常分为五大类，分别是碱性燃料电池（alkaline fuel cell，AFC）、固体氧化物燃料电池（solid oxide fuel cell SOFC）、磷酸燃料电池（phosphoric acid fuel cell，PAFC）、熔融碳酸盐燃料电池（molten carbonate fuel cell，MCFC）和质子交换膜燃料电池（proton exchange membrane fuel cell，PEMFC）。其中，质子交换膜燃料电池对氢的纯度有严格的要求，在使用氨燃料时需对氨分解产生的氢进行提纯，这无疑会造成额外的成本。在可以直接使用无须分离提纯的氨为燃料的电池 AFC 和 SOFC 中，AFC 反应缓慢，性能不足。相较之下，SOFC 发电效率较高，其较高的工作温度可以为吸热的氨分解反应提供热量，因此被认为是最适合氨的燃料电池类型。

根据供氨方式的不同，氨燃料电池分为间接氨燃料电池（indirect ammonia fuel cell，IAFC）和直接氨燃料电池（direct ammonia fuel cell，DAFC）[4]。间接氨燃料电池通过外部重整器先将燃料分解成氮气和氢气燃料；直接氨燃料电池的氨无须外部重整，可直接进入燃料电池进行发电[5]。本章重点关注将氨化学能转化为电能的直接氨燃料电池，探讨用于内燃机和燃料电池的氨（间接燃料）的催化分解产物。

9.2 直接氨燃料电池工作原理及反应动力学

9.2.1 工作原理

在直接氨燃料电池（基于碱性电解质）内发生的总体阴极和阳极反应如下：

$$2NH_{3(aq)} + 6OH^-_{(aq)} \longrightarrow N_{2(g)} + 6H_2O + 6e, \varphi_0 = -0.77V \tag{9.1}$$

$$6H_2O + 6e^- \longrightarrow 3H_{2(g)} + 6OH^-_{(aq)}, \varphi_0 = -0.83V \tag{9.2}$$

$$2NH_{3(aq)} \longrightarrow N_{2(g)} + 3H_{2(g)}, \varphi_0 = 0.06V \tag{9.3}$$

氨在阳极被电氧化的电位为0.77V，水在阴极上被还原并且需要相对于标准氢电极（standard hydrogen electrode，SHE）的0.83V。与典型情况下电解水所需的1.23V电压相比，氨电解的理论电压为0.06V这使其对制氢具有吸引力。已发现几种纳米材料（包括Pt、Ru、Rh、Pd、Ir、Au、Cu、Ni、Ag和Co），在碱性介质中表现出一定的氨电氧化活性，但迄今为止，Pt仍然是碱性介质中氨电氧化反应（ammonia electro-oxidation reaction，AEOR）最有效的电催化剂。由于AEOR和析氢反应（hydrogen evolution reaction，HER）都是典型的结构敏感反应，因此形貌和/或表面晶向的修饰是提高电活性的有效方法。在Sun等[6]最近的一项研究中，通过简单的水热合成获得了尺寸为4.5nm的高质量铂（Pt）纳米立方体（Pt-NC）。Pt-NCs在KOH溶液中对AEOR和HER均表现出优异的电活性和稳定性，这为进一步研究其在碱性溶液中对氨电解的电催化效能提供了基础。

Siddiqui等[7]开发了一种基于阴离子交换膜的直接氨燃料电池，如图9.1所示。该体系采用氨水和气态氨作为燃料，研究了燃料电池在不同运行条件下对未反应的气态燃料的利用效率。为了评估该系统的性能，采用了峰值功率密度和开路电压等参数。在两个涂有气体扩散电极的黑色Pt催化剂层（负载量为0.45mg/cm²）之间，夹有阴离子交换膜，其活性面积为14cm²。催化剂层由40%的Pt组成，并负载有Vulcan碳。燃料电池的效率（低开路电压）可能受以下因素影响：通道流动板被腐蚀性氨损坏、N_{ads}原子吸附在黑色铂催化层上、氨覆盖在阴极侧[8]。因此，对于可持续的燃料电池性能，不锈钢等耐腐蚀材料是较好的选择。在阴极处需要氧和水分子以完成半电池反应，因此向燃料电池阴极注入加湿空气。开路电压、短路电流密度、峰值功率密度、燃料电池性能和反应速率的边际增加归因于湿化器温度的升高[9]。

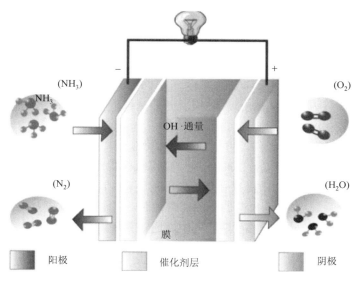

图 9.1　直接氨燃料电池示意图

9.2.2　氨分解的热力学和动力学

氨 SOFC/PCFC 在阳极处的反应被广泛接受为两步反应。如果氨能快速分解为氢气和氮气，氨型 SOFC/PCFC 的性能将与氢型 SOFC/PCFC 的性能相当，因此氨的分解速率对 SOFC/PCFC 的性能有决定性影响。但是氨分解率取决于多个因素，如分压、流速、操作温度和阳极材料[10-12]。除了参与氨分解的气体外，水蒸气可以提高电解质的质子传导性和阳极的催化活性[13]。然而，大多数金属陶瓷阳极具有强吸水性导致活性部位被占据，从而影响氨分解。Yang 等[12]研究了 Ni-BaCe$_{0.75}$Y$_{0.25}$O$_{3-\delta}$（BCY25）上氨的分解特性，结果表明，在氨中混入 0.8% 的水蒸气，氨转化率从 98.6% 骤降至 55%。因此，水蒸气分压对氨分解和电池性能的影响不是线性的，需要特别优化。氨转化率一般呈现出随燃料流量增加而降低的趋势[10, 14]。功率密度有两个相反的趋势：当燃料流速较低时，随着燃料的增加，将提供更多的氢，从而提高功率密度；但是当燃料流量增加到一定量时，分解的氢会被过量的流量带走，导致功率密度下降[10]。氨的分解是一个温度依赖性反应。但幸运的是，氨分解可以在 SOFC/PCFC 的工作温度下很好地进行。一般来说，在阳极催化剂存在下，600～800℃ 的温度可以实现氨完全分解[15, 16]。

氨分解也是高度依赖催化剂的反应。阳极材料一般分为催化部分和载体部分。催化部分一般由金属材料构成，负责催化氨分解和氢氧化。目前，已被报道的催化剂包括贵金属、非贵金属、双金属、过渡金属碳化物和氮化物等。Ganley 等[17]报道了在氧化铝载体上负载多种金属对氨分解的催化效果，顺序为：Ru＞Ni＞Rh＞Co＞Ir＞Fe＞Pt＞Cr＞Pd＞Cu。Ru 是目前报道的催化氨分解活性最高的金属。在 650℃ 下使用 10% Ru/SiO$_2$ 时，氨分解率可达到 99%[18]。然而，Ru 作为贵金属，存在商业化成本障碍。Ni 是一种相对便宜的金属，由于其合适的氮结合能，对氨的分解能力仅次于 Ru，因此，Ni 是氨 SOFC/PCFC 最常用的阳极催化层。催化剂的氮结合能是决定其催化效果的主要因素。尽管氨分子首先吸附在活性金属颗粒的表面上，但太强的氮结合能将导致活性部位中毒。

因此，需要将阳极催化剂的氮结合能调整到适当的范围。据报道，氨分解催化剂的最佳氮结合能范围为 544～586kJ/mol[19, 20]。Ni 的氮结合能可以通过添加多个金属中心来调节。Hashinokuchi 等[21]将 Cr 引入 Ni/SDC①阳极中以增强氨 SOFC 的性能，并发现 Cr 和 Ni 之间的协同效应不仅可以增强氨的重整，还可以增强电池的稳定性。Cr-Ni/SDC 阳极的峰值功率密度高于单独的 Ni/SDC 阳极。此外，他们发现 Mo 的引入也可以改善使用 Ni/SDC 阳极的氨 SOFC 性能。

除了金属中心的催化性能外，催化剂和载体微观结构也通过影响活性位的构型对氨分解活性产生影响。如图 9-1 所示，Zhang 等[22]使用氧化铝载体研究了 Ni 纳米颗粒尺寸对氨分解的影响，指出 Ni 颗粒的微晶尺寸是主要影响因素，Ni 颗粒在 1.8～2.9nm 处的催化活性最高，因为氨分解反应对 Ni 单晶的晶面非常敏感。催化剂的负载方式对阳极的微观结构产生重要影响。在 Zhang 等[23]的前期研究中，通过共沉淀和吸附将 Ni 离子负载到载体上比传统浸渍法制备的电极显示出更高的催化活性。Molouk 等[24]发现物理混合法和硝基甘氨酸法制备的 Ni/GDC②催化活性不同，其中硝基甘氨酸法制备的催化剂比表面积更高。此外，不同负载方式下所用的合成参数也对所制备催化剂的结构特征产生了深刻的影响。当用沉淀法将 Ni 颗粒负载到二氧化硅载体上时，合成时间会影响沉积的 Ni^{2+} 颗粒的类型，时间过长会导致形成聚硅酸盐，从而降低孔隙率[25]。催化剂的用量不仅可以影响颗粒尺寸，还可以影响相结构。Itagaki 等[26]使用具有不同 Ni 负载量的 Ni-SDC 作为氨 SOFC 的阳极，以探索负载量的影响。结果表明，Ni 的负载量（质量分数）为 10%时效果最好，在 608℃时氨可以完全转化。但当负载量增加到 40%～50%时，催化分解效果下降，这可能是由于过量的 Ni 颗粒会产生团聚，降低比表面积。对于功率密度，10%和 40%负载量的效果相似，因为 Ni 的增加增强了阳极的电子电导率，从而增强了阳极的氧化反应。

阳极载体通常是用作电解质的离子或质子导体。相同催化剂负载在不同载体上呈现不同的活性中心。Nakamura 等[27]探索了 Ni 在不同载体上对氨分解的催化作用，在 Y_2O_3、CeO_2、MgO、La_2O_3、Al_2O_3 和 ZrO_2 中，Ni/Y_2O_3 具有最高的催化活性。不同的载体改变了 Ni 的电子态，从而影响 N-Ni 的结合能。另一方面，载体的碱度是影响催化剂氨分解能力的主要因素，较高的表面碱度有利于氨的吸附和氮的脱附。Yang 等[12]比较了 Ni/BCY25、Ni/GDC 和 Ni/YSZ③作为直接氨 SOFC 阳极的效果，Ni/BCY25 在测试的温度范围（350～750℃）内显示出更强的氨分解催化能力。质子传导载体比离子传导载体具有更高的催化活性，因为其具有更高的表面碱性和抗氢中毒性。Okura 等[28]发现类似的结论也适用于钙钛矿型载体：钙钛矿载体的碱性越大，氨分解速率越快。

9.3　直接氨燃料电池电极材料

直接氨燃料电池根据电解质类型可分为氧阴离子导电电解质固体氧化物燃料电池

---

① SDC 指钐掺杂氧化铈。
② GDC 指钆掺杂氧化铈。
③ YSZ 指钇稳定氧化锆。

（SOFC-O）、质子传导电解质固体氧化物燃料电池（SOFC-H）、质子交换膜燃料电池（PEMFC）、碱性膜燃料电池（AMFC）等。其中，SOFC 具有高度的燃料灵活性，也是氨燃料电池领域研究最多的类型。

自 20 世纪 80 年代以来，以氨为燃料的高温燃料电池取得了长足的发展，性能显著提升。直接氨燃料电池 SOFC/PCFC 的发展历史如图 9.2 所示，该电池的阳极涉及氨的分解和氧化，因此阳极材料的性能在很大程度上决定了电池性能。与质子陶瓷电解池（protonic ceramic electrolysis cell，PCEC）类似，贵金属最初用于阳极。目前，SOFC/PCFC 中最常用的阳极是由单一金属和导电陶瓷材料组成的复合阳极，其中以 Ni-YSZ 最为经典，以氨气为燃料的 SOFC/PCFC 研究也大多采用该材料，原因在于 Ni-YSZ 对高温氨分解具有良好的催化活性，其性能优于 Ni/Al_2O_3、Ni/CeO_2、Ni/Sm_2O_3、Ni/Gd_2O_3 等其他材料[29]。此外，掺杂 CeO_2 陶瓷也是一种被广泛研究的阳极材料，包括钐掺杂氧化铈（samarium doped ceria，SDC）、钆掺杂氧化铈（gadolinium doped ceria，GDC）、氧化铈-氧化钆（ceria-gadolinia oxide，CGO）等，这类材料具有优异的混合离子电子导电性和对氨分解的高催化活性。镍与钙钛矿结构质子传导氧化物复合材料也是近年来的研究热点。阴极材料的选择也是决定电池性能的主要因素，因为阴极活化极化在较低温度下起主导作用[30]。镧锶钴铁氧化物（LSCF）和镧锶锰氧化物（LSM）因与电解质具有良好的热相容性和高电导率而被认为是最合适的阴极材料。钙钛矿、双钙钛矿和 Ruddlesden-Popper（RP，层状钙钛矿结构）结构材料也是最常用的阴极材料。

图 9.2　直接氨燃料电池 SOFC/PCFC 发展历史[31-39]

20 世纪 80 年代，Vayenas 等[31]开发了用于氨转化的 YSZ 基固体电解质反应器，并发现了电能的产生以及 NO 生成。Wojcik 等[32]首次对直接以氨为燃料的 SOFC 进行了系统的研究，在此期间，测试了 YSZ 电解质载体与银/铂电极、铁催化剂的组合。在 1073K 下可以获得 $50mW/cm^2$ 的峰值功率密度。从那时起，氧离子传导 SOFC 被广泛研究，不同电极和电解质的研究结果如表 9.1 所示。氨型 SOFC 的电解质-电极系统与氨合成用 SOFC 的电解质-电极系统基本相似，其中 YSZ 是最成熟的经典电解质。Ma 等[38]开发了

一种使用致密薄膜 YSZ 作为电解质的阳极支撑型燃料电池，用于氨燃料直接转化，并在 750℃和 850℃下分别获得了 299mW/cm² 和 526mW/cm² 的峰值功率密度，仅略低于使用氢作为燃料的功率密度。同样，Yang 等[39]也使用 YSZ 作为电解质，用 Ni-YSZ 和钆掺杂氧化铈 (GDC)/La$_{0.6}$Sr$_{0.4}$Co$_{0.2}$Fe$_{0.8}$O$_{3-\delta}$（LSCF）作为阳极和阴极，在 700℃下实现了 329mW/cm² 的功率密度。至今仍有大量的研究使用 YSZ，并且功率密度已经有了很大的提高。例如，Zhong 等[34]介绍了烧绿石 Pr$_2$B$_2$O$_7$氧化物（B = Zr、ZrSn、Sn，PZO/PZSO/PSO）和钙钛矿（B = Ti，PTO）作为含 YSZ 电解质的直接氨 SOFC 的阴极。研究发现，具有 B 位阳离子缺陷的 PZO 显示出增强的离子和电子传输，并获得了优异的电池性能，即 800℃ 时为 1220mW/cm²，600℃时为 250mW/cm²。基于此，他们再次用 YSZ 作为电解质进行氨 SOFC 实验，不同之处在于他们用 Sr$_{1+x}$Y$_{2-x}$O$_{4+\delta}$(SYO)-YSZ 代替阴极，在 600℃和 800℃下获得了 240mW/cm² 和 1210mW/cm² 的峰值功率密度，并且即使在连续运行 100h 后结构也没有显示出明显的退化。此外，Shy 等[40]还测试了 Ni-YSZ 阳极支撑的直接氨燃料电池的性能||YSZ||La$_{0.6}$Sr$_{0.4}$CoO$_3$（LSC）-GDC 结构，并发现在相同的工作条件下，压力和温度的升高都可以提高功率密度。

表 9.1　不同直接氨燃料电池 SOFC/PCFC

类型	电解质	电极（阳极//阴极）	温度/℃	峰值功率密度/(mW/cm²)
SOFC/Anode support	YSZ	Ni-YSZ//SYO（0.1）-60YSZ	600	240
			800	1210
SOFC/Anode support	YSZ	NiO-YSZ//PZO	800	1220
SOFC/Anode support	YSZ	Ni-YSZ//LSC-GDC	800（1atm）	1078
			850（1atm）	1174
			800（3atm）	1148
			850（3atm）	1202
SOFC/Anode support	YSZ	Ni-YSZ//GDC-LSCF	700	325
SOFC/Anode support	YSZ	Ni-YSZ//LSM-YSZ	900	88
SOFC/Anode support	YSZ	NiO-YSZ//LSM-YSZ	850	526
SOFC/Anode support	YSZ	Ni.YSZ//LSM-YSZ	800	200
SOFC/Anode support	SDC/NCAL	NI-NCAL//NI-NCAL	550	755
SOFC/Electrolyte support	SDC	LSTNC-SDC//ESCF	800	361
		LSTN-SDC//BSCF	800	161
		LSTC-SDC//BSCF	800	98
		Ni-.SDC//BSCF	800	314
SOFC/Anode support	SDC	NI-SDC//BSCF	650	1190
SOFC/Anode support	SDC	Ni-SDC//SSC-SDC	700	253
SOFC/Electrolyte support	LSGM	Ni（97.5）Mo（2.5）-SDC//SSC	900	416
		Ni（97）Ta（3）-SDC//SSC	900	322
		Ni（97）W（3）-SDC//SSC	900	313

续表

类型	电解质	电极（阳极//阴极）	温度/℃	峰值功率密度/(mW/cm^2)
SOFC/Electrolyte support	LSGM	NI-SDC//Pt	900	120
		Fe-SDC//Pt	900	242
		Co-SDC//Pt	900	85
SOFC/Electrolyte support	LSGM	Ni（40）Fe（60）-SDC//ssC	900	360
		Ni-SDC//SSC	900	253
SOFC/Anode support	SSZ	Ni.YSZ/Ni-SSZ//ISM-SSZ	800	1028
		Ni（97.5）Fe（2.5）-YSZ/Ni-SSZ//LSM-SSZ	800	1150
SOFC/Anode support	BCY10	Ni-BCY25//SSC	650	216
SOFC/Anode support	BZCY	Pd//LSCF	600	580
SOFC/Anode support	BZCY	NiO-BZCY//BSCF	750	390
SOFC/Anode support	BCGP1	NIO-BCE//Pt	600	28
SOFC/Electrolyte support	BCG	Pt//Pt	700	25
	BCGP2	PU//Pt	700	35
PCFC/Anode support	BCGO	Ni-CGO//BSCFO.CGO	600	147
PCFC/Anode support	BCGO	N-BCGO//LSC0-BCGO	700	355
PCFC/Anode support	BCNO	NIO-BCNO//LSCO	700	315
PCFC/Anode support	BZCYYb	Ni.BZCYYb//BCCY	650	383
	BZCYYbN	NI-BZCYYbN//BCCY	650	523
PCFC/Anode support	BZCYYb	NI-BZCYYD//PBSCF	700	1078
PCFC/Anode support	BZCYYb	Ni-BZCYYb//BCFZY	650	450
		Ni-BZCYYbPd//BCFZY	650	600
	BZCYYbPd	Ni-BZCYYbPd//BCFZY	650	724

注：YSZ：Yttria Stabilized Zirconia，SYO（0.1）：$Sr_{1+x}Y_{2-x}O_{4+\delta}$（$x=0.10$）；PZO：$Pr_2Zr_2O_7$；LSC：$La_{0.6}Sr_{0.4}CoO_3$；GDC：Gd-doped Ceria；LSCF：$La_{0.6}Sr_{0.4}Co_{0.2}Fe_{0.8}O_{3-\delta}$；LSM：$La_{1-x}Sr_xMnO_3$；SDC：Sm-Doped Ceria；NCAL：$LiNi_{0.815}Co_{0.15}Al_{0.35}O_2$；LSTNC：$La_{0.52}Sr_{0.28}Ti_{0.94}Ni_{0.03}Co_{0.03}O_{3-\delta}$；LSTN：$La_{0.52}Sr_{0.28}Ti_{0.94}Ni_{0.06}O_{3-\delta}$；LSTC：$La_{0.52}Sr_{0.28}Ti_{0.94}Co_{0.06}O_{3-\delta}$；BSCF：$Ba_{0.5}Sr_{0.5}Co_{0.8}Fe_{0.2}O_{3-\delta}$；SSC：$Sm_{0.5}Sr_{0.5}CoO_3$；LSGM：$La_{0.9}Sr_{0.1}Ga_{0.8}Mg_{0.2}O_{2.85}$；SSZ：$Sc0.1Zr_{0.9}O_{1.95}$；BCY10：$BaCe_{0.90}Y_{0.10}O_{3-\delta}$；BCY25：$BaCe_{0.75}Y_{0.25}O_{3-\delta}$；BZCY：$BaZr_{0.1}Ce_{0.7}Y_{0.2}O_{3-\delta}$；BCGP1：$BaCe_{0.8}Gd_{0.15}Pr_{0.05}O_3$；BCE：$BaCe_{0.85}Eu_{0.15}O_3$；BCG：$BaCe_{0.8}Gd_{0.2}O_{3-\delta}$；BCGP2：$BaCe_{0.8}Gd_{0.19}Pr_{0.01}O_{3-\delta}$；BCGO：$BaCe_{0.8}Gd_{0.2}O_{3-\delta}$；CGO：$Ce_{0.8}Gd_{0.2}O_{1.9}$；BSCFO：$Ba_{0.5}Sr_{0.5}Co_{0.8}Fe_{0.2}O_{3-\delta}$；LSCO：$La_{0.5}Sr_{0.5}CoO_{3-\delta}$；BCNO：$BaCe_{0.9}Nd_{0.1}O_3$；BZCYYb：$BaZr_{0.1}Ce_{0.7}Y_{0.1}Yb_{0.1}O_3$；BCCY：$BaCo_{0.7}Ce_{0.24}Y_{0.06}O_3$；BZCYYbN：$Ba(Zr_{0.1}Ce_{0.7}Y_{0.1}Yb_{0.1})_{0.95}Ni_{0.05}O_{3-\delta}$；PBSCF：$PrBa_{0.5}Sr_{0.5}Co_{1.5}Fe_{0.5}O_{5+\delta}$；BZCYYbPd：$Ba(Zr_{0.1}Ce_{0.7}Y_{0.1}Yb_{0.1})_{0.95}Pd_{0.05}O_{3-\delta}$；BCFZY：$BaCo_{0.4}Fe_{0.4}Zr_{0.1}Y_{0.1}O_{3-\delta}$

　　钐掺杂氧化铈（SDC）也是一种常见的电解质。Ma 等[38]设计了一种中温氨燃料电池，具有 Ni-SDC 阳极，SDC（50μm）电解质和 $Sm_{0.5}Sr_{0.5}CoO_{3-\delta}$（SSC）-SDC 阴极，并在 700℃下获得了 253mW/cm^2 的峰值功率密度，与氢的性能相当。Meng 等[41]将电解质厚度压缩到 10μm，并将阴极替换为活性更高的 $Ba_{0.5}Sr_{0.5}Co_{0.8}Fe_{0.2}O_{3-\delta}$（BSCF）。

结果显示，功率密度在 700℃ 时增加到 1190mW/cm²。在最新一项研究中，Song 等[42] 还设计了一种以 $La_{0.52}Sr_{0.28}Ti_{0.94}Ni_{0.03}Co_{0.03}O_{3-\delta}$（LSTNC）为阳极，$Ba_{0.5}Sr_{0.5}Co_{0.8}Fe_{0.2}O_{3-\delta}$（BSCF）为阴极的 SOFC 电池，并在 800℃ 下实现了 361mW/cm² 的峰值功率密度。同时，由于阳极表面原位弥散、强耦合 NiCo 合金纳米粒子的修饰，阳极烧结缺陷得到一定程度的改善，并稳定运行 120h。为了更符合 SOFC 低温发展方向，采用半导体结构的 $LiNi_{0.815}Co_{0.15}Al_{0.035}O_2$（NCAL）掺杂 SDC，并以 Ni-NCAL 作为电极材料，在 500℃ 和 550℃ 下分别可以达到 501mW/cm² 和 755mW/cm² 的峰值功率密度[43]。其他阴离子电解质，如 $La_{0.9}Sr_{0.1}Ga_{0.8}Mg_{0.2}O_{2.85}$（LSGM）和 $Sc_{0.1}Zr_{0.9}O_{1.95}$（SSZ），也用于氨燃料电池，并获得了竞争性性能。

为了避免阳极 NO_x 中毒，质子传导电解质（PCFC 阳极）已用于氨燃料电池中。氨 PCFC 中使用的质子传导电解质与 PCEC 合成氨中使用的质子传导电解质基本相同。目前最常用的是过氧化氢电解质，其中 $BaCeO_3$ 基材料研究最广泛。Maffei 等[35]开发了一种 PCFC，使用 $BaCe_{0.8}Gd_{0.15}Pr_{0.05}O_{3-\delta}$（BCGP）作为电解质，$NiO-BaCe_{0.85}Eu_{0.15}O_3$（BCE）作为阳极，Pt 作为阴极。结果表明，该电池可以在低至 450℃ 下使用氨作为燃料正常工作，但在 600℃ 下峰值功率密度仅为 28mW/cm²。Pelletier 等[36]也使用 $BaCe_{0.8}Gd_{0.19}Pr_{0.01}O_{3-\delta}$（BCGP）作为钡电解质，其电池性能也不高，在 700℃ 时峰值功率密度为 35mW/cm²。相比之下，Zhang 等[44]采用干压法制备了以 $BaCe_{0.8}Gd_{0.2}O_{3-\delta}$（BCGO）为电解质、$Ni-Ce_{0.8}Gd_{0.2}O_{1.9}$（CGO）为阳极、$Ba_{0.5}Sr_{0.5}Co_{0.8}Fe_{0.2}O_{3-\delta}$（BSCFO）-CGO 为阴极的 PCFC。在 600℃ 和 650℃ 下分别获得 1.12V 和 1.1V 的开路电压，并且由于 BCGO 的压实（无孔隙）和氨的完全分解，在 600℃ 下获得了 147mW/cm² 的峰值功率密度。同样，Ma 等[45]在 Ni-BCGO 上的 PCFC 中获得了更好的性能‖BCGO‖$La_{0.5}Sr_{0.5}CoO_{3-\delta}$（LSCO）-BCGO 结构，在 700℃ 时获得了 355mW/cm² 的峰值功率密度。Lin 等[46]用 Zr 和 Y 掺杂 $BaCeO_3$ 以形成 $BaZr_{0.1}Ce_{0.7}Y_{0.2}O_{3-\delta}$（BZCY）电解质，并使用 NiO-BZCY 作为阳极，$Ba_{0.5}Sr_{0.5}Co_{0.8}Fe_{0.2}O_{3-\delta}$（BSCF）作为阴极，在 750℃ 下实现了 390mW/cm² 的峰值功率密度。相比之下，Aoki 等[47]大大提高了使用 BZCY 作为电解质的 PCEC 性能，其所用的阳极和阴极分别为 Pd 和 $La_{0.6}Sr_{0.4}Co_{0.2}Fe_{0.8}O_{3-\delta}$（LSCF），在 600℃ 下可以获得 580mW/cm² 的功率密度。研究者将这种高性能归因于 BZCY/Pd 的欧姆接触允许大量质子容纳在界面区域内，从而根据空穴-质子热力学平衡促进来自 Pd 的质子掺入 BZCY，加速阳极电荷转移反应。虽然 PCFC 的性能一般不如 SOFC，但经过多年的发展，其性能已经有很大提升。目前关于管式电池的报道来自 Pan 等[37]的研究，他们通过相转化法制备了阳极支撑基板 $Ni-BaZr_{0.1}Ce_{0.7}Y_{0.1}Yb_{0.1}$（BZCYYb），然后在基板附着电解质层 BZCYYb 和阴极层 $PrBa_{0.5}Sr_{0.5}Co_{1.5}Fe_{0.5}O_{5+\delta}$（PBSCF），在 700℃ 下获得了 1.078mW/cm² 的峰值功率密度。此外，他们在阳极侧添加了催化 Fe 层促进氨的分解，并起到了 Ni 阳极的保护层的作用，大大提高了电池的耐用性。在不同方向上收缩程度不同的相转化过程在材料内部形成了有利于气体传输的孔隙。该结构具有较大的研究价值，值得进一步探讨。有研究团队将 Pd 和 Ni 掺杂到 BZCYYb 中增强了质子传导性、阳极电催化活性和阳极-电解质界面处的电荷转移[48]。在氨燃料电池研究方面，国内仅有中国地质大学等极少机构或高校进行了相关的研究。

9.4　直接氨燃料电池类型

9.4.1　氧离子导电电解质固体氧化物氨燃料电池

SOFC-O 工作原理如图 9.3 所示。通过对燃料电池阴极侧供给纯氧气或空气，氧气在阴极和电解质界面处被还原成 O^{2-}。O^{2-} 通过致密的电解质迁移到阳极和电解质界面处，与氨分解产生的 H_2 发生电化学反应，生成水蒸气和氮气。阳极和阴极反应如式（9.4）、式（9.5）所示。如果氨分解不完全，O^{2-} 会通过副反应与剩余氨发生反应，可能会生成 NO_x，相关反应如式（9.6）、式（9.7）所示：

阳极反应：

$$H_2 + O^{2-} \longrightarrow H_2O + 2e^-\tag{9.4}$$

阴极反应：

$$\frac{1}{2}O_2 + 2e^- \longrightarrow O^{2-}\tag{9.5}$$

$$2NH_3 + 5O^{2-} \longrightarrow 2NO + 3H_2O + 10e^-\tag{9.6}$$

$$2NH_3 + 3NO \longrightarrow \frac{2}{5}N_2 + 3H_2O\tag{9.7}$$

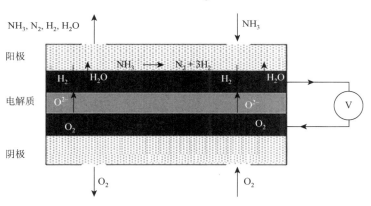

图 9.3　SOFC-O 的工作原理[55]

最常用的 SOFC-O 电解质是氧化钇稳定氧化锆（YSZ），其具有高的离子导电性，允许氧阴离子在电解质中有效传输，并具有很强的化学稳定性和热稳定性。1980 年，Vayenas 等[31]首次报道了以 YSZ 作为电解质层的氨燃料 SOFC。Wojcik 等[32]于 2003 年报道了以 YSZ 作为电解质的氨燃料 SOFC，如图 9.4 所示。

SOFC-O 阳极催化剂对反应过程及产物具有重要影响。铁基催化剂能够以较快的速度直接分解氨，且对 NO 的选择性非常低，常作为 SOFC-O 的阳极催化剂。镍基催化剂也已被证明是一种高效的阳极催化剂，在超过 600℃的高温时具有高达 90%以上的氨转化率[50]。

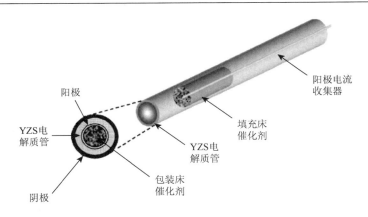

图 9.4　燃料电池结构示意图

虽然在没有催化剂时 YSZ 阳极也能分解氨，但是分解速度远慢于镍基-YSZ 阳极。当使用铂阳极时，铂合金具有高的表面积以及孔隙率，功率密度大。使用银阳极和原位铁催化剂时，氨的动力性能与同等纯氢性能相近。氨燃料 SOFC-O 的效率受温度影响显著。随着温度上升，当反应温度高于 600℃，氨燃料与氢燃料的电性能逐渐趋同[39]。当温度高于 750℃时，氨的转化率接近 100%。因此，升高温度能提高燃料的转化率，进而提高燃料电池的功率密度。

9.4.2　质子传导电解质固体氧化物氨燃料电池

固体氧化物氨燃料电池（SOFC-H）基于质子传导电解质。氨燃料分解生成氮气和氢气，氢在催化剂作用下转化为 H^+，H^+通过质子传导电解质转移到阴极固体电解质界面，与氧反应生成水蒸气。阳极和阴极的电化学反应见式（9.8）、式（9.9），工作原理示意图如图 9.5 所示[49]。

$$阳极反应：H_2 \longrightarrow 2H^+ + 2e^- \tag{9.8}$$

$$阴极反应：\frac{1}{2}O_2 + 2H^+ + 2e^- \longrightarrow H_2O \tag{9.9}$$

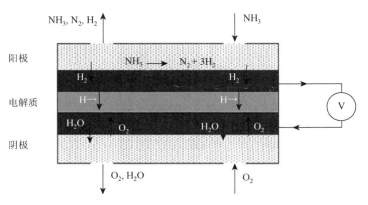

图 9.5　SOFC-H 的工作原理[49]

　　SOFC-H 电解质除了具有良好的化学稳定性和机械稳定性外,还需具有良好的质子导电性。阳极催化剂必须具有高的电子导电性及对氨分解的高催化活性。温度对氨的转化率及 SOFC-H 的性能有重要影响。研究发现,400℃时氨的转化率低于 10%,当温度升至500℃、600℃时则分别达到 40%和 100%[51]。Aoki 等[52]研究了 1μm 厚 BaZr$_{0.1}$Ce$_{0.7}$Y$_{0.2}$O$_{3-\delta}$（BZCY）薄膜电解质和 Pd 阳极的直接氨中温燃料电池系统（HMFC）,并与氢燃料进行了对比。研究表明,输出功率随温度的升高而增加,氨燃料在 600℃、550℃、500℃ 和450℃时,功率密度分别为 580mW/cm^2、340mW/cm^2、210mW/cm^2 和 71mW/cm^2；氢燃料在相同温度下的功率密度分别为 810mW/cm^2、490mW/cm^2、240mW/cm^2 和 85mW/cm^2,如图 9.6 所示。与 SOFC-O 相比较,SOFC-H 往往在较低的温度下保持良好的离子导电性,因此组件的高温热膨胀率相应降低,增大了燃料电池系统材料的选择范围。另外,SOFC-H的水蒸气在阴极侧生成,不会稀释阳极处的氨燃料,并且消除了生成 NO$_x$ 的可能性[44, 53]。

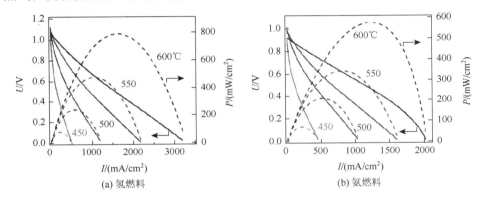

图 9.6　不同温度下（a）氢燃料和（b）氨燃料 HMFC 的 *I-U* 和 *I-P* 关系曲线

9.4.3　质子膜氨燃料电池

　　质子交换膜燃料电池（PEMFC）的性能和耐久性与燃料质量相关,而杂质沉积会缩短系统的寿命并降低功率输出。使用氨燃料的质子交换膜燃料电池虽然可以避免引入碳氧化物造成燃料电池中毒[54],但是 NH$_4^+$ 会占据电荷位点,降低整体质子电导率,进而导致系统性能下降。高浓度氨和长时间暴露会导致质子交换膜发生严重不可逆中毒[55, 56]。Halseid 等[57]的研究表明,低浓度的氨也会对质子交换膜燃料电池具有显著的影响。10mg/L 和 1mg/L 的 NH$_3$ 对质子交换膜燃料电池的影响结果分别如图 9.7、图 9.8 所示,其中 1mg/L 的 NH$_3$ 持续污染 1 周后,质子交换膜的电导率恢复良好,但是电性能仅部分恢复。因此,氨燃料应用于质子交换膜燃料电池,虽然避免了 CO、CO$_2$ 等含碳杂质的危害,但是 NH$_3$ 污染同样会造成质子交换膜燃料电池性能的不可逆转损坏。因此,使用氨燃料时需通过充分分解及纯化技术,先在裂解装置中分解,然后在膜中纯化,生成 PEMFC级氢气,以避免电池中毒和支撑材料降解。

9.4.4　碱性氨燃料电池

　　20 世纪 60 年代,研究人员就开始了将氨应用于碱性燃料电池的探索。1968 年,

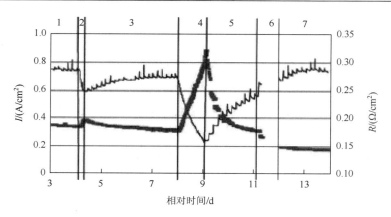

图 9.7 10mg/L 的 NH₃ 持续 4h 和 26h（区域 2 和 4）对质子交换膜燃料电池的影响

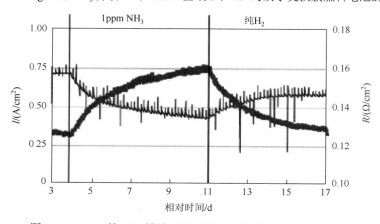

图 9.8 1mg/L 的 NH₃ 持续 1 周对质子交换膜燃料电池的影响

郭朋彦等[58]研究了在 50～200℃条件下，氨用于 KOH 电解液的碱性燃料电池。Hejze 等[59]研究了在工作温度为 200～450℃的情况下，将氨作为燃料，以熔融 NaOH/KOH 为电解质的燃料电池。结果发现，当工作温度为 450℃时功率密度为 40W/cm²。与质子交换膜燃料电池相比，碱性燃料电池对氨具有更强的耐受能力，但在电池寿命、功率密度和燃料消耗等方面还需要进一步提高[60]。目前，不管是市场上的商业化产品，还是基础研究层面，碱性燃料电池都不属于热门方向，因此，碱性氨燃料电池的发展速度也将受限，预计短期内无法规模化应用。

9.5 氨燃料的应用

9.5.1 氨燃料在非锅炉设备中的应用研究

按照不同点火方式，内燃机通常被分为点燃式（spark ignition，SI）发动机[7]和压燃式（compression ignition，CI）发动机[4]2 类。由于 NH₃ 的辛烷值高达 130，抗爆震性能良好，因此 SI 发动机更适合纯氨燃料燃烧[61]。但相较于 SI 发动机，CI 发动机具有更大的压缩比和更高的热效率。早在 1965 年，Cornelius 等[62]开展了 NH₃ 在 SI 发动机中的燃烧试验。结果显示，发动机指示热效率比以同转速运行的纯汽油发动机低约 12%，但涡轮增压能获得与自然吸气汽油发动机接近的发动机输出功率。近期，Liu 等[63]提出采用预燃室湍流射流点火（turbulent jet ignition，TJI）技术以解决 NH_3 在 SI 发动机中点火困难和燃烧不稳定的问题，发现 TJI 技术能改善氨的燃烧稳定性并提高燃烧速率，但 NO_x 和 NH_3 排放体积浓度仍高达 1000×10^{-6} 数量级。

为克服 NH_3 燃烧强度低的缺点，将氨气与活性更高的燃料进行掺混来增强燃烧强度，并对相应的双燃料运行模式开展研究。例如，Grannell 等[64]研究了氨/汽油双燃料 SI 发动机的运行特性，发现在维持发动机正常运行的条件下，超过 50%的汽油可被 NH_3 替换，且 NH_3 的抗爆震性有助于提升发动机压缩比。许多研究关注 NH_3/H_2 混合燃料的应用，例如 Lhuiller 等[65]研究了使用预混 NH_3/H_2/空气的 SI 发动机的动力性能、燃烧特性和污染物排放特性。结果表明，混合体积分数为 20%的 H_2 可提高循环稳定性并避免失火，同时当量比 φ 约为 1 时能获得最佳输出功率和指示效率。Starkman 等[66]研究表明，NH_3 自身热解生成的 H_2 与 NH_3 混合也是一种可行的掺混模式。Ryu 等[67]使用 $2\%Ru/Al_2O_3$ 催化剂裂解 NH_3 得到 H_2，并将其与汽油混合通入 SI 发动机燃烧，如图 9.9 所示。结果表明，NH_3 流速较低时催化剂非常有效，由 NH_3 催化裂解产生的 H_2 燃烧导致发动机功率明显增加，燃料消耗减少，且不同程度降低了 CO、CH（碳氢化合物）、NH_3 和 NO_x 排放浓度。

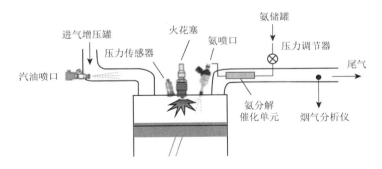

图 9.9　Ryu 等[67]试验装置示意图

内燃机内高效 NH_3 燃烧可通过调整运行参数或简单改造发动机结构实现，将其与原有内燃机燃料或 H_2 等混合燃烧也能在一定程度上改善其燃烧性质。对于 CI 发动机而言，将氨以水溶液形式加入进气系统中也是一种可行的燃烧方式。但掺 NH_3 燃烧对发动机的输出功率、热效率及稳定性等参数可能产生影响，NH_3 燃烧中产生的大量 NO_x 仍需采取选择性催化还原（selective catalytic reduction，SCR）等其他方式进行处理[68]。因此，NH_3 内燃机的高效化、低 NO_x 化将是未来该领域的研究重点。

相比内燃机，燃气轮机中的燃烧过程属于定压燃烧，更有利于火焰传播，且燃烧器可进行适应不同燃料的结构改造。由于 NH_3 能量密度远低于常规航空燃料，因此在地基重型燃气轮机中使用 NH_3 代替原有燃料相较航空燃机更现实。Chiong 等[69]发现，目前 NH_3 在燃气轮机中的燃烧主要采取极贫燃和微富燃 2 种方案，如图 9.10 所示，其中采用非预混燃烧技术既可实现 NH_3 完全燃烧，也可降低 NO_x 排放，提高燃烧稳定性。

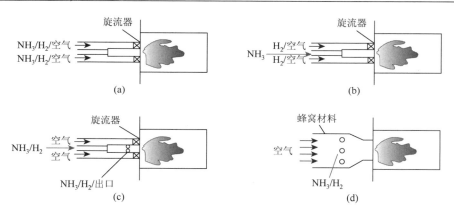

图 9.10 典型 NH_3/H_2/空气燃烧器与部分预混燃烧器对比[78]

Kueata 等[70]在 50kW 级微型燃气轮机上成功实现了 NH_3-空气燃烧发电。该燃烧器采用气态 NH_3 燃料和非预混燃烧,以提高火焰稳定性,试验并未使用裂解 NH_3 燃料的措施。结果表明,该 NH_3 燃料燃气轮机可在功率 18.4～44.4kW 和转速 70000～80000r/min 条件下运行。当转速在 80000r/min 时燃烧效率为 89%～96%。此后,Okafor 等[71]将该氨燃气轮机的燃料由氨气改为液氨喷雾,并采用两级富-贫分级燃烧,研究了输入热功率 230kW 时的液氨喷雾燃烧的火焰稳定性和排放控制。结果表明,无槽膜冷却的燃烧器对纯液氨喷雾火焰的稳定更为有利,且两级富-贫燃烧能有效控制 NO_x 排放。Zhang 等[72]数值模拟了燃气轮机多喷嘴直接喷射(multi-nozzled direct injecticn,MDI)燃烧器中经蒸汽稀释并裂解 NH_3 的燃烧过程。MDI 燃烧器火焰相互作用强烈,运行时旋流数通常＞0.9。研究发现,含 H_2 和水蒸气比例最高的 NH_3 火焰在化学计量条件下排放的未燃尽 NH_3 和 NO_x 总和最低(30mg/m³@15%O_2,约合 $400×10^{-6}$@15%O_2)。Tang 等[73]则将等离子体辅助燃烧技术运用于燃气轮机的旋流燃烧器中,由 12.5kHz 交流(alternating current,AC)电源驱动的滑动电弧放电可将旋流 NH_3/空气火焰的贫燃极限由 0.7～0.8 扩展至 0.3～0.4。通过放电稳定的贫火焰,可实现低于 $100×10^{-6}$(体积分数)的 NO_x 排放。燃气轮机中 NH_3 燃烧的稳定性可通过活性燃料的掺混加以解决,而 NO_x 排放也可结合分级燃烧、等离子辅助等技术进行控制。但目前尚未有研究者进行工业实际规模的重型燃气轮机中的 NH_3 燃烧试验,各种稳燃降排措施在大尺度下的适用性仍有待验证(图 9.11)。

9.5.2 氨燃料在燃煤锅炉中的应用

燃煤锅炉属于大规模供能设施,将 NH_3 作为煤的代替燃料能大幅减少火力发电的碳排放。目前,对于燃 NH_3 电站锅炉的研究均采用 NH_3 煤混燃方式,纯烧 NH_3 只限于少量小规模燃烧器试验。日本 IHI 公司是全球最早开展电站锅炉掺氨燃烧的单位之一,该公司利用计算流体动力学(computational fluid dynamics,CFD)方法对 1000MW 级燃煤锅炉进行三维模拟仿真研究,分别计算了纯煤燃烧和 NH_3 燃料热值占比(NH_3 共燃比)20%工况下炉膛内的温度分布与热流分布。计算结果显示,在 NH_3 掺混燃烧工况下,锅炉出力有略微下降的趋势,但与纯煤粉燃烧工况差异很小,2 种工况下炉内热流分布无显著差异。同属日本 IHI 公司的 Zhang 等[72]对某 8.5MW 级煤锅炉中的 NH_3 煤掺

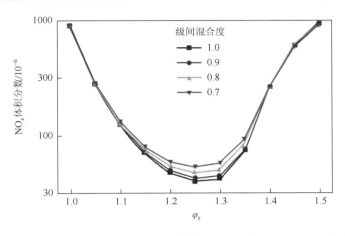

图 9.11　燃气轮机中富燃级当量比和级间混合度对 NO_x 排放的影响[76]

混燃烧过程进行数值模拟。结果显示，NH_3 掺混对火焰形态影响显著，当 NH_3 共燃比超过 40%时，燃烧器外回流区被高速 NH_3 流完全穿透，导致火焰变长和下游未反应的 NH_3 浓度增加。随 NH_3 共燃比增加，固体颗粒辐射相应减少，吸收的总热量略有所减少，而由于火焰温度降低，飞灰中未燃碳明显增加。在 NH_3 共燃比为 10%的情况下，与纯燃煤相比，燃烧更强烈，生成燃料型 NO_x 更多，从而使出口处 NO 浓度增加。当 NH_3 共燃比超过 10%时，由于未反应 NH_3 脱硝效应，出口处 NO 浓度单调下降。一旦 NH_3 共燃比超过 40%，出口处未反应的 NH_3 浓度将迅速增加，且在 NH_3 共燃比为 80%时可达 5000×10^{-6} 以上。NH_3 煤混合燃烧器通过调节 NH_3 燃料流速和二次风率，在 20%氨共燃比下可实现低 NO_x 燃烧，热输入为 10MW 时 NH_3 煤混燃工况的 NO_x 排放浓度低于纯煤粉燃烧工况（图 9.12）。

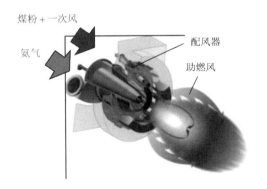

图 9.12　氨煤混合燃烧器

　　日本中央电力研究所（Central Research Institute of Electric Power Industry，CRIEPI）是国际上较早开展 NH_3 煤混燃研究的单位之一。该研究所的 Kimoto 等使用 2 台燃煤试验炉（分别为单燃烧器试验炉和多燃烧器试验炉）研究了 NH_3 煤混燃对 NO_x 排放的影响以及减少 NO_x 排放的方法，采用的最大 NH_3 共燃比为 20%[75]。结果表明，在多燃烧器炉中，将 NH_3 从炉底燃烧器集中给入比平均给入时的 NO_x 排放更低，原因可能是 NH_3

集中从底部给入的停留时间更长，能扩大还原气氛区域，从而使更多的 NO_x 被还原为 N_2。国内研究者也对火力厂 NH_3 煤混燃进行了研究。其中，烟台龙源电力技术股份有限公司的牛涛等[77]设计搭建了当时世界最大容量的 40MW 级燃煤锅炉 NH_3 煤混燃试验系统，开展了 0～25%NH_3 共燃比混燃试验，试验系统如图 9.13 所示。试验中所有掺 NH_3 比例下锅炉皆具有良好的稳燃与燃尽性能，且 NH_3 体积分数为 25%时煤粉燃尽率优于纯燃煤工况。结果表明，通过分级燃烧，可在高掺 NH_3 比例下实现锅炉 NO_x 排放低于燃煤工况。但燃尽风比例过大不仅对降低 NO_x 排放效果不显著，还会增大锅炉 CO 排放和飞灰含碳量，因此存在最优燃尽风率，使 NO_x 和 CO 排放浓度都处于较低水平。锅炉运行氧量下降会使 NO_x 排放浓度降低，但也会使 NH_3 排放浓度大幅上升，因此锅炉氧量同样存在最优区间。燃尽风率、运行氧量和 NO_x 与 NH_3 排放浓度的关系如图 9.14 所示。此后该试验系统将掺氨比例提高至 35%，同样实现了 99.99%的 NH_3 燃尽率及较低的 NO_x 排放[78]。

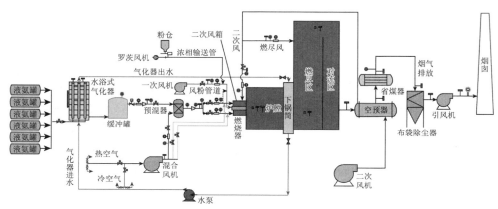

图 9.13　40MW 级燃煤锅炉氨煤混燃试验系统示意图[74]

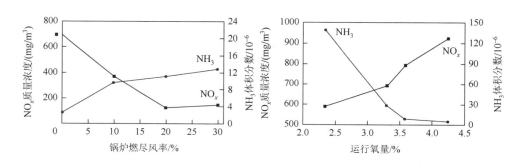

图 9.14　混氨比例为 25%时，锅炉 NO_x 与 NH_3 排放随锅炉燃尽风率与运行氧量变化[74]

（3）氨燃料在循环流化床锅炉应用。目前氨在循环流化床（circulating fluidized bed，CFB）锅炉中的燃烧研究仍处于起步阶段，但已有研究者意识到流化床对于氨燃烧的利用价值，并开展研究。Sousa Cardoso 等[79]利用 CFD 方法研究了一中试规模的鼓泡床锅炉中氨煤混燃过程。结果表明,对于 $10\%NH_3$ 共燃比工况,NO 排放水平与纯燃煤工况相同,且 NH_3 共燃比由 20% 增至 80% 时,NO 排放量下降 40%。NH_3 注入位置对 NO 排放有显著影响,当注入点位于床表面下游时将导致 NO 浓度增加。空气分级也被证明对 NO 形成具有主导作用,仅 20% 空气分级即可减少 50% 的 NO 排放量。值得关注的是,韩国能源研究院于 2023 年 8 月首次报道了在中试平台上完成的 CFB 锅炉 NH_3 煤混燃试验[80],研究了 NH_3 与次烟煤混燃的污染物排放、燃烧效率和灰分特性,以及在 2 种不同注入氨位置(密相区和一次风箱)下 CO_2 降低情况与氨共燃比的关系,涉及的最高氨共燃比为 25.4%。试验发现,在密相区注入 NH_3 时,NO 排放量随 NH_3 共燃比的增加而减少,且 CO 排放量相比仅燃煤燃烧增加更快。与仅燃煤燃烧相比,在一次风箱位置注入 25.4%(质量分数)的 NH_3 能同时降低 NO 和 CO 浓度,在没有灰分相关问题的情况下实现最高燃烧效率,但在该工况下,N_2O 排放量增加 1.5 倍以上,表明 NH_3 燃烧过程中形成了 N 中间体。以上研究结论与前述在煤粉炉中的 NH_3 煤混燃试验结论吻合,同时证明 CFB 锅炉中掺混 NH_3 燃烧的可能性。目前,在 CFB 锅炉中燃用 NH_3 仍有诸多问题,包括氨的最佳注入方式、NH_3 在中温及大量床料存在条件下的分解与燃烧、NH_3 与煤的相互作用以及 NH_3 燃烧对石灰石脱硫的影响等,这些问题的研究是实现 CFB 锅炉燃烧 NH_3 工业化的基础。

9.5.3　氨作为未来汽车燃料

为了应对汽油车带来的碳足迹增加的挑战,研究人员尝试了几种方法来开发有助于减少碳足迹的非传统车辆,其中一种解决方案是电动汽车[14]。截至 2022 年 7 月,2022 年第一季度在美国销售的整体汽车中,超过 5% 为电动汽车。在挪威等国家,电动汽车的销量占 2022 年总销量的 80% 以上。因此,到 2030 年,大多数主要汽车品牌都计划使用更多的电动汽车而不是汽油动力汽车。另一方面,据报道,电动汽车可能根本不会减轻污染,因此,与其将焦点完全转移到电动汽车上,还不如研究氨、氢等燃料。报告指出,在道路上大量部署电动汽车可能导致环境问题,因为在许多国家,如中国、美国、印度等,能源的主要来源是煤。Huo 等进行了一项研究,他们调查了中国电动汽车的 SO_2、CO_2 和 NO_x 排放,并将电动汽车的排放与汽油燃料汽车的排放进行了比较。这些比较是根据 2008 年的现有数据进行的,并对 2030 年进行了预测。该研究提到,电动汽车在减少 CO_2 排放方面并没有发挥巨大作用。然而,当不同的非化石介质将被用于发电时,电动汽车可能对环境具有更大的积极影响[81]。如果电动汽车使用以煤为基础的电网供电,与汽油车相比,电动汽车的 SO_2 排放量将增加 $3\sim$ 10 倍,NO_x 排放量将增加 2 倍。他们还认为,随着火力发电厂排放控制装置中安装更先进的技术,电动汽车将成功地达到汽油车的 NO_x 排放水平,但 SO_2 水平仍将增加。《国家地理杂志》的另一项研究也认为,21 世纪中叶以后,电动汽车对碳足迹的正面影响几乎为零。

锂离子电池是电动汽车的动力源泉,未来的主要挑战是减少开采大量金属的必要性。根据阿贡国家实验室的数据,一辆典型的电动汽车需要 8kg 锂、35kg 镍、20kg 锰和 14kg 钴。锂离子电池仍然领先并主导电动汽车行业的原因之一是其成本大幅降低(31 年内降低了 96%以上）。根据彭博新能源财经（Bloomberg New Energy Finance，BNEF）的数据，2023 年，锂离子电池成本进一步降至 100 美元/千瓦·时。因此，电动汽车的购买价格与汽油车大致相似。但是对于电动汽车的需求将因价格便宜而增加，预计总体污染将增加。此外，更多的锂被开采会导致更严重的环境问题（除非开采技术变得更加环保）[82]。在当代的电池中，最有价值的实体是钴，而 66%的钴开采是在非洲刚果完成的。钴具有毒性，如果它没有以正确的方式进行处理会造成严重的社会问题。钴还有其他来源，例如，海底的结核富含金属，但也存在与之相关的重大环境挑战。因此，考虑到与电动汽车大规模使用相关的问题，重点解决这些问题是很重要的。同时，研究者必须关注其他可持续措施，如氨、氢等能源的研究。现已经确定，如果我们想探索氢的燃料潜力，氨是重要的一环。

9.5.4　氨作为船舶运输燃料

为减少船舶温室气体排放，国际海事组织（International Maritime Organization，IMO）下属的海洋环境保护委员会（Marine Environment Protection Committee，MEPC）通过了《船舶温室气体减排初步战略》，提出了 2050 年国际航运温室气体排放量比 2008 年减少 50%以上的目标。氨燃料既能满足船舶大功率运输的需求，又具有零碳排放的特性，在船舶运输领域得到了极大的关注，行业领军企业组成联盟联合进行船用氨燃料和氨产业发展研究（如图 9.15 所示）。曼恩公司、上海船舶研究设计院、韩国造船与海洋工程公司、大连船舶重工有限公司等国内外著名公司均在积极推进船用氨燃料的相关研究。

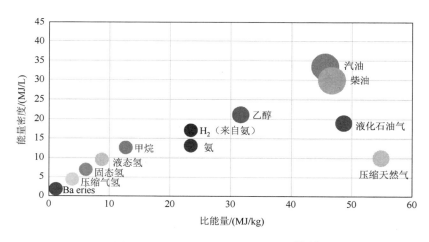

图 9.15　不同燃料的能量密度数据[83, 84]

9.6　氨能源化应用面临的挑战

通过"绿氨"途径制备氨，并将氨作为氢的载体，逐渐得到了多个国家的认可。西班牙 2020 年 7 月曾宣布生产绿氨并要在 2021 年初将其天然气使用量减少 10% 以上。苏格兰的奥克尼将建设日产 11t 绿氨的氨工厂，为该地区提供可扩展的不依赖电网传输的可再生能源存储解决方案。此外，沙特阿拉伯宣布投资 50 亿美元建设 4GW 规模的绿氨工厂，该工厂将于 2025 年投入运营，拟在全球范围内供应绿氨[85]。绿氨有望开拓新的市场，为一系列依赖化石燃料的产品提供脱碳途径。

　　绿氨的规模化应用前景的主要决定因素包括绿氨的生产成本、应用技术的成熟度等。氢气的生产成本是氨生产成本的主要组成部分，Haber-Bosch 工艺虽然是能源密集型工艺，但净能耗低。英国学者整理了棕氨、蓝氨以及绿氨在制备能耗、CO_2 足迹以及投资等方面的数据，如表 9.2 所示[86]。结果显示，在现有可用技术中，SMR 制氢路线的能耗最低，投资成本也相对最低。绿氨在能耗、投资成本方面均没有优势，主要优势及意义在于"零碳"。因此，在突破性绿氨技术产生之前，政策因素是绿氨进程的重要推动力。

表 9.2　氢气、液氢和液氨的性能比较

性能	氢气	液氢	液氨
沸点/℃	25	−253	−33.4
氢含量/%	100	100	17.7
密度/(kg/m³)	39	70.8	600
体积能量密度/(MJ/L)	5.6	8.6	12.9
(体积分数)/%	4～75	4～75	15～28
压力/MPa	70	0.1	1

氢气与氨气的储存、运输和生产成本对比如表 9.3 所示。

表 9.3　氢气与氨气的储存、运输和生产成本对比

气体类型	储存成本/(美元/kg)	运输成本/(美元/kg)	生产成本/(美元/kg)
氢气	14.95	1.87	3
氨气	0.84	0.19	3.8

　　氨-煤混燃是发电领域中一种可行的减碳路径，也将是氨燃料的一个重要应用领域。日本十分重视氨的替代应用，已经完成了中试规模的氨-煤混燃实验，并规划在 1000MW 燃煤机组上开展氨-煤混燃试验，计划在 2030 年中期之前实现混燃 20% 的氨。目前，氨燃料的掺烧还处于研究起步阶段，对于煤-氨混烧理论、氨燃烧排放风险、锅炉掺氨改造等还需要深入地研究，徐静颖等[87]对锅炉掺氨燃烧存在的问题进行了总结。

　　由于氨具有毒性和强烈的刺激性气味等特性，加之现有燃料加注体系已经非常成熟，大范围加装氨燃料加注系统难度大等，极大地增加了氨燃料在常规汽车上的应用难度。氨在船舶运输、电站锅炉、工业锅炉等领域具有良好的应用前景，但是，还需要解决氨燃料的泄漏、毒性、腐蚀性、燃烧产生 NO_x、掺烧比例低以及燃烧系统改造升级等难题。

基于电解的 Haber-Bosch 工艺合成绿氨具有较为成熟的运行经验,氢气的生产成本占电解制氨成本的 45%左右。目前,可再生能源制氢技术逐渐成熟,将绿氨合成工艺与可再生能源相匹配,将是未来绿氨合成的一个重要方向。风能、太阳能、海洋能等可再生能源在氨合成领域的充分应用,有望为未来远海可再生资源的能源化转换及存储提供良好的解决方案。

参 考 文 献

[1] Boggs B K, Botte G G. On-board hydrogen storage and production: An application of ammonia electrolysis[J]. Journal of Power Sources, 2009, 192(2): 573-581.

[2] Reiter A J, Kong S C. Combustion and emissions characteristics of compression-ignition engine using dual ammonia-diesel fuel[J]. Fuel, 2011, 90(1): 87-97.

[3] Mørch C S, Bjerre A, Gøttrup M P, et al. Ammonia/hydrogen mixtures in an SI-engine: Engine performance and analysis of a proposed fuel system[J]. Fuel, 2011, 90(2): 854-864.

[4] Herbinet O, Bartocci P, Grinberg Dana A. On the use of ammonia as a fuel–A perspective[J]. Fuel Communications, 2022, 11: 100064.

[5] Mounaïm-Rousselle C, Brequigny P. Ammonia as fuel for low-carbon spark-ignition engines of tomorrow's passenger cars[J]. Frontiers in Mechanical Engineering, 2020, 6: 70.

[6] Sun H Y, Xu G R, Li F M, et al. Hydrogen generation from ammonia electrolysis on bifunctional platinum nanocubes electrocatalysts[J]. Journal of Energy Chemistry, 2020, 47: 234-240.

[7] Siddiqui O, Dincer I. Investigation of a new anion exchange membrane-based direct ammonia fuel cell system[J]. Fuel Cells, 2018, 18(4): 379-388.

[8] Suzuki S, Muroyama H, Matsui T, et al. Fundamental studies on direct ammonia fuel cell employing anion exchange membrane[J]. Journal of Power Sources, 2012, 208: 257-262.

[9] Tse E C M, Gewirth A A. Effect of temperature and pressure on the kinetics of the oxygen reduction reaction[J]. The Journal of Physical Chemistry A, 2015, 119(8): 1246-1255.

[10] Xu Q D, Guo Z J, Xia L C, et al. A comprehensive review of solid oxide fuel cells operating on various promising alternative fuels[J]. Energy Conversion and Management, 2022, 253: 115175.

[11] Fuerte A, Valenzuela R X, Escudero M J, et al. Ammonia as efficient fuel for SOFC[J]. Journal of Power Sources, 2009, 192(1): 170-174.

[12] Yang J, Molouk A F S, Okanishi T, et al. Electrochemical and catalytic properties of $Ni/BaCe_{0.75}Y_{0.25}O_{3-\delta}$ Anode for direct ammonia-fueled solid oxide fuel cells[J]. ACS Applied Materials & Interfaces, 2015, 7(13): 7406-7412.

[13] Park B K, Barnett S A. Boosting solid oxide fuel cell performance *via* electrolyte thickness reduction and cathode infiltration[J]. Journal of Materials Chemistry A, 2020, 8(23): 11626-11631.

[14] Stoeckl B, Subotić V, Preininger M, et al. Characterization and performance evaluation of ammonia as fuel for solid oxide fuel cells with Ni/YSZ anodes[J]. Electrochimica Acta, 2019, 298: 874-883.

[15] Ma Q L, Peng R R, Tian L Z, et al. Direct utilization of ammonia in intermediate-temperature solid oxide fuel cells[J]. Electrochemistry Communications, 2006, 8(11): 1791-1795.

[16] Kishimoto M, Muroyama H, Suzuki S, et al. Development of 1 kW-class ammonia-fueled solid oxide fuel cell stack[J]. Fuel Cells, 2020, 20(1): 80-88.

[17] Ganley J C, Thomas F S, Seebauer E G, et al. *A priori* catalytic activity correlations: The difficult case of hydrogen production from ammonia[J]. Catalysis Letters, 2004, 96(3): 117-122.

[18] Choudhary T V, Goodman D W. CO-free fuel processing for fuel cell applications[J]. Catalysis Today, 2002, 77(1/2): 65-78.

[19] Lendzion-Bieluń Z, Pelka R, Arabczyk W. Study of the kinetics of ammonia synthesis and decomposition on iron and cobalt catalysts[J]. Catalysis Letters, 2009, 129(1): 119-123.

[20] Hansgen D A, Vlachos D G, Chen J G. Ammonia decomposition activity on monolayer Ni supported on Ru, Pt and WC substrates[J]. Surface Science, 2011, 605(23/24): 2055-2060.

[21] Hashinokuchi M, Zhang M J, Doi T, et al. Enhancement of anode activity and stability by Cr addition at Ni/Sm-doped CeO₂ cermet anodes in NH₃-fueled solid oxide fuel cells[J]. Solid State Ionics, 2018, 319: 180-185.

[22] Zhang J, Xu H Y, Li W Z. Kinetic study of NH₃ decomposition over Ni nanoparticles: The role of La promoter, structure sensitivity and compensation effect[J]. Applied Catalysis A: General, 2005, 296(2): 257-267.

[23] Zhang J, Xu H Y, Jin X L, et al. Characterizations and activities of the nano-sized Ni/Al₂O₃ and Ni/La-Al₂O₃ catalysts for NH₃ decomposition[J]. Applied Catalysis A: General, 2005, 290(1/2): 87-96.

[24] Molouk A F S, Yang J, Okanishi T, et al. Comparative study on ammonia oxidation over Ni-based cermet anodes for solid oxide fuel cells[J]. Journal of Power Sources, 2016, 305: 72-79.

[25] Liu H C, Wang H, Shen J H, et al. Preparation, characterization and activities of the nano-sized Ni/SBA-15 catalyst for producing CO x-free hydrogen from ammonia[J]. Applied Catalysis A: General, 2008, 337(2): 138-147.

[26] Itagaki Y, Cui J, Ito N, et al. Effect of Ni-loading on Sm-doped CeO₂ anode for ammonia-fueled solid oxide fuel cell[J]. Journal of the Ceramic Society of Japan, 2018, 126(10): 870-876.

[27] Nakamura I, Fujitani T. Role of metal oxide supports in NH₃ decomposition over Ni catalysts[J]. Applied Catalysis A: General, 2016, 524: 45-49.

[28] Okura K, Miyazaki K, Muroyama H, et al. Ammonia decomposition over Ni catalysts supported on perovskite-type oxides for the on-site generation of hydrogen[J]. RSC Advances, 2018, 8(56): 32102-32110.

[29] Okura K, Okanishi D T, Muroyama D H, et al. Ammonia decomposition over nickel catalysts supported on rare-earth oxides for the on-site generation of hydrogen[J]. ChemCatChem, 2016, 8(18): 2988-2995.

[30] Kaur P, Singh K. Review of perovskite-structure related cathode materials for solid oxide fuel cells[J]. Ceramics International, 2020, 46(5): 5521-5535.

[31] Vayenas C G, Farr R D. Cogeneration of electric energy and nitric oxide[J]. Science, 1980, 208(4444): 593-594.

[32] Wojcik A, Middleton H, Damopoulos I, et al. Ammonia as a fuel in solid oxide fuel cells[J]. Journal of Power Sources, 2003, 118(1/2): 342-348.

[33] Gamanovich N M, Novikov G. Electrochemical oxidation of ammonia in high-temperature fuel cells[J]. Russian Journal of Applied Chemistry, 2015, 70: 1136-1137.

[34] Zhong F L, Yang S Q, Chen C Q, et al. Defect-induced pyrochlore Pr₂Zr₂O₇ cathode rich in oxygen vacancies for direct ammonia solid oxide fuel cells[J]. Journal of Power Sources, 2022, 520: 230847.

[35] Maffei N, Pelletier L, McFarlan A. A high performance direct ammonia fuel cell using a mixed ionic and electronic conducting anode[J]. Journal of Power Sources, 2008, 175(1): 221-225.

[36] Pelletier L, McFarlan A, Maffei N. Ammonia fuel cell using doped barium cerate proton conducting solid electrolytes[J]. Journal of Power Sources, 2005, 145(2): 262-265.

[37] Pan Y X, Zhang H, Xu K, et al. A high-performance and durable direct NH₃ tubular protonic ceramic fuel cell integrated with an internal catalyst layer[J]. Applied Catalysis B: Environmental, 2022, 306: 121071.

[38] Ma Q L, Ma J J, Zhou S, et al. A high-performance ammonia-fueled SOFC based on a YSZ thin-film electrolyte[J]. Journal of Power Sources, 2007, 164(1): 86-89.

[39] Yang J, Molouk A F S, Okanishi T, et al. A stability study of Ni/yttria-stabilized zirconia anode for direct ammonia solid oxide fuel cells[J]. ACS Applied Materials & Interfaces, 2015, 7(51): 28701-28707.

[40] Shy S S, Hsieh S C, Chang H Y. A pressurized ammonia-fueled anode-supported solid oxide fuel cell: Power performance and electrochemical impedance measurements[J]. Journal of Power Sources, 2018, 396: 80-87.

[41] Meng G Y, Jiang C R, Ma J J, et al. Comparative study on the performance of a SDC-based SOFC fueled by ammonia and hydrogen[J]. Journal of Power Sources, 2007, 173(1): 189-193.

[42] Song Y F, Li H D, Xu M G, et al. Fuel cells: Infiltrated NiCo alloy nanoparticle decorated perovskite oxide: A highly active, stable, and antisintering anode for direct-ammonia solid oxide fuel cells[J]. Small, 2020, 16(28): 2070154.

[43] Qian J Q, Zhou X L, Liu L M, et al. Direct ammonia low-temperature symmetrical solid oxide fuel cells with composite semiconductor electrolyte[J]. Electrochemistry Communications, 2022, 135: 107216.

[44] Zhang L M, Yang W S. Direct ammonia solid oxide fuel cell based on thin proton-conducting electrolyte[J]. Journal of Power Sources, 2008, 179(1): 92-95.

[45] Ma Q L, Peng R R, Lin Y J, et al. A high-performance ammonia-fueled solid oxide fuel cell[J]. Journal of Power Sources, 2006, 161(1): 95-98.

[46] Lin Y, Ran R, Guo Y M, et al. Proton-conducting fuel cells operating on hydrogen, ammonia and hydrazine at intermediate temperatures[J]. International Journal of Hydrogen Energy, 2010, 35(7): 2637-2642.

[47] Aoki Y, Yamaguchi T, Kobayashi S, et al. High-efficiency direct ammonia fuel cells based on $BaZr_{0.1}Ce_{0.7}Y_{0.2}O_{3-\delta}$/Pd oxide-metal junctions[J]. Global Challenges, 2018, 2(1): 1700088.

[48] He F, Gao Q N, Liu Z Q, et al. A new Pd doped proton conducting perovskite oxide with multiple functionalities for efficient and stable power generation from ammonia at reduced temperatures[J]. Advanced Energy Materials, 2021, 11(19): 2003916.

[49] Siddiqui O, Dincer I. A review and comparative assessment of direct ammonia fuel cells[J]. Thermal Science and Engineering Progress, 2018, 5: 568-578.

[50] Wang Y H, Yang J, Wang J X, et al. Low–temperature ammonia decomposition catalysts for direct ammonia solid oxide fuel cells[J]. Journal of the Electrochemical Society, 2020, 167(6): 064501.

[51] Miyazaki K, Muroyama H, Matsui T, et al. Impact of the ammonia decomposition reaction over an anode on direct ammonia-fueled protonic ceramic fuel cells[J]. Sustainable Energy & Fuels, 2020, 4(10): 5238-5246.

[52] Aoki Y, Yamaguchi T, Kobayashi S, et al.High Efficiency Direct Ammonia Type Fuel Cells based on $BaZr_xCe_{0.8-X}Y_{0.2}O_{3/Pd}$ Oxide-Metal Junctions. in 15th International Symposium on Solid Oxide Fuel Cells(SOFC). 2017. Hollywood, FL.

[53] Ni M, Leung D Y C, Leung M K H. Thermodynamic analysis of ammonia fed solid oxide fuel cells: Comparison between proton-conducting electrolyte and oxygen ion-conducting electrolyte[J]. Journal of Power Sources, 2008, 183(2): 682-686.

[54] Chellappa A S, Fischer C M, Thomson W J. Ammonia decomposition kinetics over Ni-Pt/Al$_2$O$_3$ for PEM fuel cell applications[J]. Applied Catalysis A: General, 2002, 227(1/2): 231-240.

[55] Uribe F A, Gottesfeld S, Zawodzinski T A. Effect of ammonia as potential fuel impurity on proton exchange membrane fuel cell performance[J]. Journal of the Electrochemical Society, 2002, 149(3): A293.

[56] Zhang X Y, Preston J, Pasaogullari U, et al. Influence of ammonia on membrane-electrode assemblies in polymer electrolyte fuel cells[C]//ASME 2009 7th International Conference on Fuel Cell Science, Engineering and Technology, June 8–10, 2009, Newport Beach, California, USA. 2010: 17-22.

[57] Halseid R, Vie P J S, Tunold R. Effect of ammonia on the performance of polymer electrolyte membrane fuel cells[J]. Journal of Power Sources, 2006, 154(2): 343-350.

[58] 郭朋彦, 聂鑫鑫, 张瑞珠, 等. 氨燃料电池的研究现状及发展趋势[J]. 电源技术, 2019, 43(7): 1233-1236.

[59] Hejze T, Besenhard J O, Kordesch K, et al. Current status of combined systems using alkaline fuel cells and ammonia as a hydrogen carrier[J]. Journal of Power Sources, 2008, 176(2): 490-493.

[60] Cox B, Treyer K. Environmental and economic assessment of a cracked ammonia fuelled alkaline fuel cell for off-grid power applications[J]. Journal of Power Sources, 2015, 275: 322-335.

[61] Cardoso J S, Silva V, Rocha R C, et al. Ammonia as an energy vector: Current and future prospects for low-carbon fuel applications in internal combustion engines[J]. Journal of Cleaner Production, 2021, 296: 126562.

[62] Cornelius W, Huellmantel L W, Mitchell H R. Ammonia as an engine fuel[J]. Sae Transactions, 1966, 74: 70.

[63] Liu Z K, Zhou L, Wei H Q. Experimental investigation on the performance of pure ammonia engine based on reactivity controlled turbulent jet ignition[J]. Fuel, 2023, 335: 127116.

[64] Grannell S M, Assanis D N, Bohac S V, et al. The fuel mix limits and efficiency of a stoichiometric, ammonia, and gasoline dual fueled spark ignition engine[J]. Journal of Engineering for Gas Turbines and Power, 2008, 130(4): 042802.

[65] Lhuillier C, Brequigny P, Lamoureux N, et al. Experimental investigation on laminar burning velocities of ammonia/hydrogen/air mixtures at elevated temperatures[J]. Fuel, 2020, 263: 116653.

[66] Starkman E S, Newhall H K, Sutton R, et al. Ammonia as a spark ignition engine fuel: Theory and application[C]//SAE Technical Paper Series. SAE International, 1966: 84.

[67] Ryu K, Zacharakis-Jutz G E, Kong S C. Performance enhancement of ammonia-fueled engine by using dissociation catalyst for hydrogen generation[J]. International Journal of Hydrogen Energy, 2014, 39(5): 2390-2398.

[68] 周上坤, 杨文俊, 谭厚章, 等. 氨燃烧研究进展[J]. 中国电机工程学报, 2021, 41(12): 4164-4182.

[69] Chiong M C, Chong C T, Ng J H, et al. Advancements of combustion technologies in the ammonia-fuelled engines[J]. Energy Conversion and Management, 2021, 244: 114460.

[70] Kurata O, Iki N, Matsunuma T, et al. Performances and emission characteristics of NH_3–air and NH_3 CH_4–air combustion gas-turbine power generations[J]. Proceedings of the Combustion Institute, 2017, 36(3): 3351-3359.

[71] Okafor E C, Kurata O, Yamashita H, et al. Liquid ammonia spray combustion in two-stage micro gas turbine combustors at 0.25 MPa：Relevance of combustion enhancement to flame stability and NO_x control[J]. Applications in Energy and Combustion Science, 2021, 7: 100038.

[72] Zhang K, Shen Y Z, Palulli R, et al. Combustion characteristics of steam-diluted decomposed ammonia in multiple-nozzle direct injection burner[J]. International Journal of Hydrogen Energy, 2023, 48(42): 16083-16099.

[73] Tang Y, Xie D J, Shi B L, et al. Flammability enhancement of swirling ammonia/air combustion using AC powered gliding arc discharges[J]. Fuel, 2022, 313: 122674.

[74] Li Z X, Li S H. Effects of inter-stage mixing on the NO_x emission of staged ammonia combustion[J]. International Journal of Hydrogen Energy, 2022, 47(16): 9791-9799.

[75] Zhang J W, Ito T, Ishii H, et al. Numerical investigation on ammonia co-firing in a pulverized coal combustion facility: Effect of ammonia co-firing ratio[J]. Fuel, 2020, 267: 117166.

[76] Kimoto M, Yamamoto A, Ozawa Y, et al. Applicability of ammonia co-firing technology in pulverized coal-fired boilers[M]// CO_2 Free Ammonia as an Energy Carrier. Singapore: Springer Nature Singapore, 2022: 581-589.

[77] 牛涛, 张文振, 刘欣, 等, 燃煤锅炉氨煤混合燃烧工业尺度试验研究[J]. 洁净煤技术, 2022, 28(3): 193-200.

[78] 陆成宽, 我国成功研发燃煤锅炉混氨燃烧技术[D]. 2022, 科技日报. 001.

[79] Sousa Cardoso J, Silva V, Eusébio D, et al. Numerical modelling of ammonia-coal co-firing in a pilot-scale fluidized bed reactor: Influence of ammonia addition for emissions control[J]. Energy Conversion and Management, 2022, 254: 115226.

[80] Kim S J, Park S J, Jo S H, et al. Effects of ammonia co-firing ratios and injection positions in the coal–ammonia co-firing process in a circulating fluidized bed combustion test rig[J]. Energy, 2023, 282: 128953.

[81] Hou Y H, Chen Y H, He X H, et al. Insights into the adsorption of CO_2, SO_2 and NO_x in flue gas by carbon materials: A critical review[J]. Chemical Engineering Journal, 2024, 490: 151424.

[82] Valentin S, Arsevska E, Vilain A, et al. Elaboration of a new framework for fine-grained epidemiological annotation[J]. Scientific Data, 2022, 9(1): 655.

[83] Dijkman T J, Benders R M J. Comparison of renewable fuels based on their land use using energy densities[J]. Renewable and Sustainable Energy Reviews, 2010, 14(9): 3148-3155.

[84] Yapicioglu A, Dincer I. A review on clean ammonia as a potential fuel for power generators[J]. Renewable and Sustainable Energy Reviews, 2019, 103: 96-108.

[85] Jeerh G, Zhang M F, Tao S W. Recent progress in ammonia fuel cells and their potential applications[J]. Journal of Materials Chemistry A, 2021, 9(2): 727-752.

[86] Agustin V M. Techno-Economic Challenges of Green Ammonia as an Energy Vector[M]. Amsterdam: Elsevier Inc.

[87] 徐静颖, 朱鸿玮, 徐义书, 等. 燃煤电站锅炉氨燃烧研究进展及展望[J]. 华中科技大学学报(自然科学版), 2022, 50(7): 55-65.

第10章 氨氮回收市场潜力、应用及面临的挑战

10.1 氨氮资源化回收市场现状

氨氮废水是指含有高浓度氨氮的废水，通常来自农业、养殖、化工等行业的生产过程。传统上，氨氮废水被视为一种环境污染物，因为高浓度的氨氮会对水生生物和生态系统造成危害[1]。然而，随着人们环保意识的提高和资源回收利用的重要性日益凸显，氨氮废水的资源化回收逐渐成为研究和应用的焦点。氨氮废水资源化回收的市场潜力巨大。首先，氨氮废水处理与回收利用可以解决环境污染问题，减少对水资源的消耗和污染物的排放，有助于实现可持续发展。其次，氨氮是一种重要的氮源，可以用于生产肥料、化肥和其他氮化合物[2]。通过回收和利用氨氮废水，可以减少对化肥的需求，降低农业生产成本，提高资源利用效率。此外，氨氮废水回收还可以产生经济效益，通过销售回收的氨氮或其衍生产品，可以创造新的商机和就业机会。其次，氨氮废水资源化回收的技术展望也非常广阔。目前已经有多种技术和方法用于氨氮废水的处理和回收利用，包括生物处理、化学处理、膜分离和吸附等[3]。随着科学技术的不断进步，预计会有更多高效、经济、环保的氨氮废水处理技术得到开发和应用。例如，基于微生物的氨氮废水处理技术可以通过微生物的代谢作用将氨氮转化为无机氮或氮气，实现氨氮的去除和资源化利用。另外，膜分离技术可以实现对氨氮的精确分离和回收，提高回收效率和产品纯度。尽管氨氮废水资源化回收具有广阔的市场潜力和技术展望，但也面临一些挑战。其中包括废水处理成本高、技术难度大、回收产品的市场需求和竞争等问题。然而，随着环保政策的推动和技术的不断创新，这些挑战可以逐渐克服。未来，氨氮废水资源化回收的前景是积极的，预计将在环境保护、可持续发展和资源循环利用等领域发挥重要作用。总之，氨氮废水资源化回收的市场潜力巨大，可以解决环境污染问题，实现资源的循环利用，并产生经济效益[4]。技术上，多种处理和回收技术已经被应用，并有望通过创新不断提高效率和经济性。尽管面临一些挑战，但随着政策支持和技术进步，氨氮废水资源化回收的前景仍然非常乐观。

氨氮是植物生长所需的重要营养物质之一。通过回收氨氮废水，可以将其转化为肥料或用于灌溉水源中，提供植物所需的养分，提高农作物产量和质量，如用于农田灌溉、水稻田灌溉、温室农业、养殖业等[2]。

许多工业过程中会产生大量的含氨氮废水，如化肥生产、制药工业和石油加工等。通过回收和利用这些废水中的氨氮，可以减少对外部氨氮原料的需求，降低生产成本，并减少对环境的污染。例如，氨氮回收、能源回收、氮肥生产、循环水系统供应、其他化工产品生产等。通过回收废水中的氨氮，可以实现废物资源化利用，减少对传统资源的依赖，降低生产成本，并减少对环境的污染。这不仅有利于企业的可持续发展，也符合环境保护和资源节约的要求[5]。

氨氮是水体中常见的一种污染物，过量的氨氮会导致水体富营养化和水质恶化。通过回收氨氮废水，可以减少氨氮的排放，改善水体环境，提高水资源的可持续利用率，如氨氮回收为农业肥料、氨氮回收为工业原料、氨氮回收为高附加值产品、氨氮回收为水资源再利用等。氨氮废水资源化回收在水处理领域具有广阔的供应潜力。

氨氮可以用作能源载体[6]，通过氨氮废水资源化回收，可以将氨氮转化为氢气或用于制备氨合成催化剂，如生物气体生产、生物质燃料生产、氨氮电池、氢能源生产、热能回收。这些产物可以为能源提供可再生的替代品，降低对有限资源的依赖，并减少环境污染和温室气体排放。

氨氮是微生物培养和发酵过程（包括微生物培养基生产、生物肥料生产、生物能源生产、生物化学品生产和污泥处理）中的重要营养物质之一。通过回收氨氮废水，可以提供用于微生物培养和生物技术产业的营养基础，促进相关产业的发展和创新。因此，氨氮回收的市场供应潜力涵盖了农业、工业、水处理、能源和生物技术等多个领域。随着对资源的需求增加和环境保护意识的提高，氨氮废水资源化回收技术将在未来得到更广泛的应用和发展。

10.2　氨氮回收的经济分析

氨回收的经济可行性取决于运营成本和回收氨在未来商业企业中的效益。鸟粪石沉淀法回收铵具有明显的优势：首先，它可以同时回收废水中不可再生的有限来源磷酸盐；其次，鸟粪石是一种安全有效的缓释肥料，可以直接施于土地。在日本，据报道，鸟粪石在 2001 年以 250 美元/t 的价格出售[7]，鸟粪石的形成可有效避免结垢问题，有利于污泥脱水[8]。一项研究发现，通过在阿姆斯特丹西部污水处理厂进行的鸟粪石沉淀回收铵，每年可减少 50 万欧元（583 275 美元）的运营成本。此外，回收的鸟粪石可以以 50 欧元（58.33 美元）～100 欧元(116.66 美元)/t 的价格出售给化肥行业。与正常系统相比，该过程还可以节省约 456kW/kgN 的功率[9]。然而，鸟粪石沉淀需要大量额外的碱性化学品来增大 pH。此外，由于大多数废水源缺乏足够的镁源，可能需要大量的镁材料来形成鸟粪石。

相对于汽提-吸附法回收氨，鸟粪石沉淀法对进料浓度不敏感，表明该方法适用于更广泛的废水源。此外，用于氨吸附的酸溶液的选择也会影响铵回收的经济性。通常，硫酸、盐酸和硝酸主要用于生产它们的相关铵盐。一项研究发现，作为回收的铵的所得硫酸铵估计具有与工业肥料类似的市场价值，为 1.0 欧元(1.17 美元)/kg N[10]。然而，De Vrieze 等[11]得出结论，氨汽提只有在总铵氮浓度＞1000mgN/L 时才具有经济可行性。汽提-吸附法回收氨的能耗和成本主要包括氨汽提的曝气和附加化学品。这些附加化学品包括 CaO/NaOH（用于维持所需的碱性 pH 以形成气态氨）和酸溶液（用于随后吸附挥发性氨以形成铵盐）。在 Veas 废水处理厂（奥斯陆，挪威）中，通过汽提结合吸附以硝酸铵的形式实现从废水中回收铵[12]。由于一旦回收效率超过 88%，可能会出现能耗的快速增加和回报的减少，因此工厂将铵的实际回收效率控制在 88%左右或更低。以前，在纽约分别以实验室和中试规模研究了在高温下通过空气汽提从脱水浓缩物中回收铵[13]。在本研究中，90%的铵可以被汽提，然而，额外的碱度可能会增加总成本以及用于鼓风机和加热器的高能耗。从厌氧消化沼气产生的能量可用于加热液态水，同时使用汽提结合吸附来回收铵。此外，增加进入酸溶液的氨质量流量可以通过汽提结合吸附以及减少到达接收溶液的冷凝水蒸气量来提高铵回收的技术和经济可行性[14]。汽提的氨还具有与源自某些工业（如燃料发电站和焚烧炉）的烟道气（如 SO_2 和 CO_2）反应的潜力[15]。作为该方法的结果，可以产生铵盐（如硫酸铵和碳酸氢铵），其随后可以作为肥料用于直接土地施用。使用 BES 回收铵是有利的，因为不需要增大 pH 来将铵转化为气态氨。实际上，与 BES 的铵回收相关的可能的能量平衡包括阴极室中的曝气、硫酸的氨吸附、额外的功率（仅用于 MEC）和能量产生（仅用于 MFC）。基于此，在表 10.1 中给出了铵回收的能量平衡分析[16-18]。如表 10.1 所示，MFC 显示出用于回收铵的正能量平衡，而传统氨汽提需要最高的能量输入。与 MFC 相比，MEC 需要占总能量需求的主要比例的外部电源。至于传统的氨汽提，与 MFC 关于铵回收相比，它需要添加碱性化学品以提高 pH，并且不产生能量。此外，尽管需要 18.36kJ/gN 的能耗，但通过 MEC 可以获得 7.59gN/(m²·d)的铵回收率，同时产生氢气（H_2）[19]。Wu 和 Modin[20]指出，用于铵回收的 MEC 在能量上是有利的，净能量平衡范围为 5.4～12.4kW·h/kgN。在他们的研究中，只包括外部电源，而用于挥发氨的空气剥离方法不在其范围内。能量输出考虑了 H_2 的产生和节省的能量，这些能量可用于 Haber-Bosch 工艺中的合成氨生产。

表 10.1　铵回收过程能量平衡的比较

指标及参考	MFC	MEC	传统氨汽提
能源消耗/(kJ/g N)	10.93	18.36	26.3
净能量产出/(kJ/g N)	3.46	−18.36	−32.5
铵回收率/[gN/(m²·d)]	3.29	7.59	N/A
参考	文献[16]	文献[18]	文献[17]

10.3　氨氮废水资源化回收面临的挑战

氨氮废水资源化回收的关键技术包括氨氮去除和氨氮转化为有价值产品的技术。然而，目前的技术在处理高浓度氨氮废水、稳定处理废水、高效转化氨氮等方面还存在不足，需要进一步研发和改进技术，以提高处理效率和资源回收率。在技术上，首先氨氮废水处理是关键的一步，需要选择适当的技术来有效去除氨氮。传统的氨氮去除方法包括生物法（如厌氧氨氧化、硝化-反硝化等）和化学法（如氨氧化、吸附等）。然而，这些方法存在能耗高、处理效率低、副产物产生等问题，因此需要研发更高效、经济的氨氮去除技术。其次，回收氨氮并将其转化为有用的产品是氨氮废水资源化的关键环节。目前，常见的氨氮回收方法包括氨氮转化为氨盐肥料、氨氮转化为气体燃料等，但这些方法存在技术复杂、操作成本高、产品利用率低等问题，需要进一步改进和创新。再次，回收的氨氮应得到有效的利用和开发，形成具有经济价值的产品。然而，当前氨氮回收的产品利用率相对较低，需要研究开发更多具有高附加值的产品，如高纯度氨水、氨盐化肥、氨气等。最后，氨氮废水资源化回收技术在应用规模和技术成本方面也面临挑战。大规模应用需要解决工程化和系统集成问题，确保技术在实际生产中的可行性和可靠性；同时，技术成本也是重要考虑因素，需要不断降低回收技术的成本，提高经济效益。总的来说，氨氮废水资源化回收面临着处理技术、回收技术、产品开发、应用规模、技术成本等多个方面的挑战。通过持续的研究和创新，可逐步克服这些挑战，实现氨氮废水的有效回收和利用，达到环境保护和资源可持续利用的目标。

（1）首先，氨氮废水资源化回收通常需要采用先进的处理技术，如膜分离、吸附剂和催化剂的使用等。这些技术通常较为昂贵，需要大量的资金投入。其次，资源化回收过程需要设备运行、能源消耗、化学品和催化剂的补给等，这些运营成本可能较高。同时，废水处理厂需要维护和管理设备，进行定期检修和更换，这也需要经济支持。再次，资源化回收的氨氮产品需要有市场需求才能实现经济可行性，若市场上缺乏对这些产品的需求，或者定价不具有竞争力，将会对回收过程的经济可行性产生影响。然后，氨氮废水资源化回收需要政府的政策支持和激励措施来推动，缺乏相关政策支持或激励措施可能导致企业在经济上面临困难。最后，氨氮废水资源化回收项目的投资回报周期可能较长，需要一定的时间才能收回投资并获得盈利，这可能会使得一些企业望而却步，尤其是对于中小型企业来说。因此，这些经济挑战需要综合考虑，并通过技术改进、成本降低、市场开拓和政策支持等方面的努力来克服，以促进氨氮废水资源化回收的可持续发展。

（2）氨氮废水回收需要符合相关水质标准和排放标准。首先，这些标准可能对氨氮的含量、废水处理效果、回收水质量等方面进行限制，确保回收后的水质符合安全和环保要求是一个挑战。其次，在进行氨氮废水回收过程中，必须遵守环境保护法规，这些法规可能涉及废水排放许可、环境影响评价、土壤和地下水保护等方面的要求，回收过程中的操作和设备必须符合相关的法规要求。最后，如果废水中含有其他有害物质，如重金属或有机污染物，处理和回收过程需要符合相关的危险废物管理法规，这可能涉及废物分类、储存、运输和处理等方面的要求。氨氮废水回收过程中使用的技术和设备可能需要符合特定的技术标准和认证要求，这些标准和认证可能涉及回收效率、设备可靠性、安全性等方面的考量。不同地区可能存在不同的规范和法规要求，这取决于当地的环境和经济条件。回收过程需要适应不同地区的要求，并确保符合当地的规范和法规。氨氮废水回收可能会产生一些副产品，如肥料或其他化学品。这些副产品的利用可能受到相关的规范和法规限制，如肥料质量标准、化学品安全使用等方面的要求。总之，要应对这些规范和法规的挑战，在氨氮废水资源化回收时，需与当地的环保部门和监管机构密切合作，确保遵守相关的规定和要求。同时，采用先进的废水处理技术和设备，进行合理的运营和管理，确保废水回收过程的安全和可靠性。此外，持续关注和学习相关的法规和技术标准的更新和变化也至关重要。

氨氮废水资源化回收是一项新兴的技术和概念，公众对于其认知和接受程度有限，他们可能对这种新兴技术缺乏认知，不了解其潜在的环境和经济效益。这种缺乏认知可能导致公众对该技术持怀疑态度，甚至产生误解和担忧。有效地传播和宣传氨氮废水资源化回收的知识至关重要，然而，目前对于这方面的宣传和教育还存在一些挑战。信息的传播可能受限于语言障碍、科学术语的复杂性以及传媒的关注度等因素。因此，需要加强对公众的知识普及，提高他们对氨氮废水资源化回收的认知水平。氨氮废水资源化回收需要相应的设备和技术支持，这对于投资和运营商来说可能是一个挑战。此外，市场对于氨氮废水资源化产品的需求可能有限，这可能限制了技术的发展和推广。因此，需要在市场推广和需求扩大方面进行更多的努力。氨氮废水资源化回收可能涉及一些新的技术和设备，以及对现有废水处理系统的改进。在一些地区，社会接受度可能受到不同利益相关者的影响，包括政府、企业、居民等。因此，需要广泛的社会参与，并加强与利益相关者的合作，以提高氨氮废水资源化回收的社会接受度。总的来说，氨氮废水资源化回收面临的社会认知挑战主要包括缺乏认知和了解、知识传播和宣传的挑战、需求和市场挑战，以及社会接受度挑战。克服这些挑战需要各方共同努力，包括加强宣传教育、推动技术发展和市场需求、完善相关法律法规和监管政策，以及促进社会参与和合作。

氨氮废水资源化回收需要建立完善的运营和管理体系。这涉及废水处理设施的日常运行和维护、技术人员的培训和管理、废水处理过程中的监测和控制等。管理不善可能导致处理效果下降、设备故障、安全事故等问题。在技术方面，氨氮废水资源化回收需要适配的技术和设备来有效地处理和转化氨氮，包括适宜的处理工艺、氨氮转化技术以及废水处理设备等。确保技术的高效运行和稳定性可能是一个挑战。在能源消耗方面，氨氮废水资源化回收过程需要消耗电力、热能等能源。因此，管理者需要考虑能源消耗与回收产生的效益之间的平衡，以确保经济可行性和环境可持续性。在运营成本方面，废水资源化回收的运营成本通常较高，包括设备维护、化学品投入、人工操作和监测等方面。管理者需要确保运营成本的可控性和可持续性，以使回收过程具有经济效益。在废水特性方面，氨氮废水的水质特性可能随时间和来源不同而变化。不同水质特性可能对回收过程和设备性能产生影响，因此需要定期监测并调整处理工艺以适应变化。在法律法规和环境标准方面，废水处理和资源化回收必须符合相关的法律法规和环境标准。管理者需要密切关注法规的更新，并确保废水处理过程符合相关的要求，以避免可能的法律和环境风险。在氨氮废水来源和供应链管理方面，管理者需确保有稳定的氨氮废水来源，并建立有效的供应链管理系统，以确保废水的收集、转运和处理过程的顺利进行。在宣传和沟通方面，废水资源化回收是一种新兴的技术和理念，需要进行宣传和沟通，以获得相关利益相关方的支持和合作。管理者需要与政府、社会组织、企业和公众进行有效的沟通，提高其认知度和接受度。综上所述，氨氮废水资源化回收面临技术、能源消耗、运营成本、废水特性变化、法律法规和环境标准、供应链管理以及宣传和沟通等方面的挑战。有效应对这些挑战需要管理者具备专业知识、技术能力和全面的规划执行能力。

氨氮废水资源化回收需与其他废水处理和资源回收系统进行有效集成。例如，废水处理过程中的副产物、废渣等需得到有效利用和处理。实现系统集成可能需解决不同系统之间的协同问题、资源互补问题等。首先是在氨氮废水处理技术的选择上，选择适合的氨氮废水处理技术是一个重要的挑战。废水中的氨氮含量和水质特征会影响氨氮废水处理技术的选择。有多种处理方法可供选择，如生物处理、化学处理、吸附等，但每种方法都有其优缺点，需要根据具体情况进行选择。其次是处理过程的稳定性和可靠性上，氨氮废水处理过程需要保持稳定和可靠的运行，以确保高效的废水资源化回收。这要求系统能够适应不同的废水水质波动和负荷变化，并具备自动化控制和监测手段。再次，在产物利用的开发与市场化方面，氨氮废水资源化回收的目标是将废水中的氨氮转化为有用的产品或资源。这可能涉及新产品的开发、市场需求的分析和营销等方面的挑战。需要研究和开发适合市场需求的氨氮废水资源化产品，并建立相关的市场渠道。然后，在系统经济性和可持续性方面，氨氮废水资源化回收系统的经济性和可持续性是另一个关键挑战。该系统应能够在经济上可行，并且能够持续地运行和维护。这包括处理成本的控制、能源消耗的优化以及废水资源化回收过程中的副产物管理等方面。最后，在法规和环境要求方面，氨氮废水资源化回收需要符合相关的法规和环境要求。不同国家和地区对废水处理和回收有不同的法规标准，需要确保系统设计和运行符合当地的法规要求，并将环境影响降至最低。因此，氨氮废水资源化回收面临的系统集成挑战涵盖了技术选择、处理过程稳定性、产物利用开发与市场化、系统经济性和可持续性以及法规和环境要求等方面。克服这些挑战需要综合考虑技术、经济、市场和环境等因素，并进行系统优化和综合管理。

10.4　氨氮回收前景及未来发展趋势

氨氮可以直接或间接地应用于农业，有效地改善水体富营养化等环境问题。如果氨回收的经济激励措施不足，政府政策和法规需推动这一环保进程。将常规废水处理与氨回收相结合确实可以提高废水处理的经济可行性，并提高废水处理设施的可持续性。如上所述，铵回收只有在应用于可以产生高浓度铵离子的大型废水处理厂时才在经济上可行。另一个重要的问题是，在铵回收工艺中处理的废水需妥善处置，因为该工艺无法实现 100% 的铵回收率。同样，任何残留的铵需要进一步处理以满足排放标准[11]。此外，生命周期分析（life cycle analysis，LCA）或三重底线（triple bottom line，3BL）技术可用于定量评估铵回收系统的可持续性，包括其对经济、环境和社会的影响[21]。

在从废水中回收铵的所有技术中，BES 是最有前途的方法之一。然而，为了可持续的铵回收，BES 仍需改进。例如，可以在 BES 中安装离子交换膜堆，以提高铵浓度[22]。应优化跨膜的铵转移，以促进阴极室中的铵积累。影响阴极电解液中铵回收率的参数包括电流密度、阴极电解液的 pH、膜类型和共存离子。这里应该指出的是，这些因素可能存在相互依赖，因此需要更多地分析它们的相互作用，以改善铵的运输和随后的回收。通过 BES 回收铵所涉及的另一个问题是铵回收和能量回收可能相互影响。具体而言，高发电量虽有利于铵转移及其在 BES 中的进一步回收，但这可能导致能量回收减少。进一步的研究需聚焦解决这一问题，并确保 BES 有利于铵回收。用于曝气的能量输入对于将氨从阴极电解液中驱出是必要的，并且其耗能在整个过程中占很大比例，因此如何在有效消耗能量的同时将氨驱出阴极室仍然是一个很大的挑战。更重要的是，将 BES 扩大到处理大量废水的工业水平需要更多的研究，例如，从实验室转向中试或工厂规模的情景。

研究表明，铵会沉淀在 BES 阴极表面，因此，首先应更详细地分析沉淀物的成分，并确定其对作物和植物的肥效影响；其次，铵基沉淀物对阴极电极性能的影响需要进一步评估。被沉淀物覆盖的阴极可以用再生或更换来处理。此外，在提高废水处理过程中氨氮回收率的同时，还应考虑废水处理中磷酸盐的回收。这是因为磷酸盐回收可补充肥料生产，降低富营养化的风险。厌氧消化可以促进高纯度铵的富集，其中可溶性铵可以从下游单元的流出物中分离并回收到废水中。因此，通过厌氧消化结合其他技术回收铵的研究需要更多的关注。尽管本书主要聚焦从废水中回收铵，但铵的回收可以扩展到废水污泥。据报道，氮也以有机氮的形式存在于污泥中，其占污泥干重的 3%～4%。通常，氨挥发可以通过堆肥实现，但这可能导致严重的环境问题[23]，特别是因为硫酸盐可以被空气中的 NO_x 氧化[24]。这意味着寻找一种有效的方法来释放污泥中的铵是必要的。同时，该方法还应具有将铵离子与诸如重金属的外来物质分离的能力。例如，重金属可以固定到固相中。在温和的温度下，也可以实施该方法以分解不稳定的有机氮，以加速铵释放[25]。通过鸟粪石沉淀回收铵所涉及的另一个问题是，大多数废水含有比镁更多的铵和磷酸盐，因此在该过程中总是需要额外添加镁[26]。如果铵和磷酸盐的浓度可以满足鸟粪石形成的化学要求，则该方法中使用的镁材料可能占鸟粪石生产总成本的 30%～50%[27]。出于这个原因，研究人员目前正在研究鸟粪石沉淀中廉价的镁源，但这一问题的解决仍需长期努力。

　　氨氮废水资源化回收是一种将含有氨氮的废水转化为有价值的产品或资源的技术和方法。它可以有效地减少废水对环境的污染，并提供可再利用的资源。以下是氨氮废水资源化回收未来发展的几个趋势。

　　未来将会有更多的研究和开发工作致力于改进氨氮废水资源化回收的技术。生物处理技术：未来的发展将更加注重利用微生物和其他生物体来降解和转化氨氮。生物处理技术可以通过利用特定菌种或微生物群落来降解废水中的氨氮，并将其转化为可用于农业肥料或其他有价值的化合物。先进的物理化学处理技术：未来的研究将致力于开发更高效、节能和环保的物理化学处理技术，以提高氨氮废水的回收效率。这可能涉及利用高级催化剂、膜分离技术、吸附剂等，以实现高效的氨氮分离和转化。智能化和自动化控制：未来的发展趋势将倾向于使用智能化和自动化控制系统来监测和优化氨氮废水的资源化回收过程。这些系统可以实时监测水质参数、调整操作条件，并根据需求进行自动化控制，以提高回收效率和降低能耗。新型吸附剂和催化剂：研究人员将致力于开发具有高吸附容量和选择性的新型吸附剂，以有效地从废水中去除氨氮。此外，针对氨氮的高效催化转化也将成为研究重点，以降低能耗和提高产物的价值。能源回收：未来的趋势包括将氨氮废水转化为能源的技术。例如，通过采用厌氧消化过程，将氨氮废水中的有机物质降解产生甲烷气体，用于发电或燃料生产。循环经济模式：在未来，氨氮废水资源化回收将更加注重实现循环经济模式。废水中的氨氮可以被转化为有机肥料、生物质资源、化工产品等，以实现废物资源化利用和减少环境污染。这些趋势将推动氨氮废水资源化回收技术的发展，并促使更加高效、可持续和经济可行的解决方案的出现。

　　未来的发展趋势将更加强调循环经济的原则，即将废物转化为资源。氨氮废水资源化回收将不仅仅是污水处理的一个环节，而是整个产业链中的一个重要环节。技术上，未来的循环经济导向下，将会有更多的技术创新来提高氨氮废水的资源化回收效率和质量。例如，采用高效的氨氮去除技术、膜分离技术、生物处理技术等，可以有效地进行提取和回收废水中的氨氮，以达到环保和经济效益的双重目标。综合利用方面，未来的发展趋势将注重将氨氮废水的资源化回收与其他废水处理工艺相结合，实现综合利用。例如，将氨氮废水与有机废水进行联合处理，通过共同的废水处理系统，实现废水中有机物和氨氮的同时回收和利用，提高资源利用效率。循环水利用方面：在循环经济导向下，重视水资源的节约和再利用是一个重要的方向。将氨氮废水经过适当的处理和回收，可以用于农业灌溉、工业生产或城市景观绿化等领域，实现循环水利用，减少对淡水资源的需求。能源回收方面：氨氮废水中的有机物可以通过适当的处理和回收，转化为可再生能源，如生物质能源、沼气等。这样既可以减少有机物的排放，又可以实现能源的回收和利用，推动能源的可持续发展。政策支持和标准规范方面：未来的循环经济发展需要政策支持和标准规范的引导。政府可以出台相关政策，鼓励和支持氨氮废水资源化回收的技术研发和应用，提供财政和税收优惠等支持措施。同时，制定相关的标准规范，确保资源化回收的过程符合环保和质量要求。总体而言，未来氨氮废水资源化回收的发展趋势将注重技术创新、综合利用、循环水利用、能源回收以及政策支持和标准规范的推动。这些趋势将有助于实现氨氮废水的可持续处理和资源化利用，促进循环经济的发展。

随着科技的不断发展，氨氮废水资源化回收将趋向于智能化和自动化。传感器、监控系统和自动化控制技术的应用将使废水处理过程更加高效和可靠。数据分析和人工智能技术的运用也将帮助优化废水处理系统的性能，并提供实时监测和预测功能。智能监测与控制系统：智能传感器和监测设备可以实时监测氨氮废水的浓度和水质情况，同时将数据传输到中央控制系统。这样的系统可以自动调节废水处理过程中的参数，如溶氧量、pH和温度，以实现最佳的资源回收效果。自动化处理工艺：自动化技术可以应用于氨氮废水的处理工艺，包括废水的预处理、氨氮去除、资源回收和净化等环节。自动化系统可以根据废水的特性和目标要求，自动调节处理过程中的各个参数，提高处理效率和资源回收率。数据驱动的优化：利用大数据分析和人工智能技术，可以对氨氮废水处理过程中的数据进行深入分析和优化。通过分析大量的废水处理数据和运行参数，可以发现潜在的优化方案，提高废水处理的效果和资源回收的效率。联网与远程监控：利用物联网技术，不同的废水处理设备可以实现联网和远程监控。这样的系统可以实现远程操作和监测，及时响应异常情况，并进行故障诊断和修复。同时，不同废水处理设备之间可以实现数据共享和协同工作，提高整体处理效果。智能化资源回收技术：除了氨氮去除，还可以开发智能化的资源回收技术，例如利用电化学技术、吸附材料和膜分离等方法，实现对废水中其他有价值成分的回收，如有机物、磷等。智能化的资源回收技术可以提高回收率和资源利用效率。总之，未来氨氮废水资源化回收将趋向智能化和自动化，通过智能监测与控制、自动化处理工艺、数据驱动优化、联网与远程监控以及智能化资源回收技术的应用，实现更高效、更可持续的废水处理和资源回收。这些技术的发展将促进废水处理行业的可持续发展和环境保护。

随着环境保护意识的提高，政府和相关机构将加强对氨氮废水资源化回收的监管和支持。制定更严格的废水排放标准和鼓励废水资源化回收的政策将推动该领域的发展。

政府可能提供财政和税收激励措施，以促进废水资源化回收技术的采用和推广。环境保护要求的提升：随着全球环境问题的加剧，各国政府正越来越重视废水资源化回收。政府可能会出台更加严格的法规要求，限制和控制废水的排放，并鼓励或强制企业采取废水资源化回收措施。法规和政策的支持：政府可能会制定相关法规和政策，鼓励和支持废水资源化回收技术的研发和应用。这些法规和政策可能包括提供财政支持、减税或税收优惠、研发资金的拨款、技术创新奖励等。奖励和激励机制：政府可能设立奖励和激励机制，以鼓励企业采用废水资源化回收技术。这些奖励和激励机制可能包括补贴或奖金计划，为采用废水资源化回收技术的企业提供经济激励。合作与合作伙伴关系：政府可能会鼓励行业间的合作与合作伙伴关系，以促进废水资源化回收技术的发展和应用。政府可能组织行业合作项目、研讨会和培训，以促进知识共享和技术交流。国际合作和标准制定：随着环境保护问题的全球化和跨国化，国际合作和标准制定也将对废水资源化回收产生影响。政府可能与其他国家、国际组织和利益相关方合作，制定共同的标准和准则，促进废水资源化回收技术的国际合作和发展。这些只是一些可能的趋势和政策措施，具体的未来法规和政策将取决于不同国家和地区的具体情况、政府的决策和环境保护的需求。

　　氨氮废水资源化回收需要跨行业的合作与协调。废水处理企业、农业、化工、能源等相关行业之间的合作将促进废水资源化回收技术的应用和推广。这种合作可以通过共享资源、技术交流和研发合作来实现。跨行业合作的推进：氨氮废水资源化回收需要涉及多个行业，包括水处理、化工、农业、能源等。未来，各个行业之间将更加密切地合作，共同开展氨氮废水的回收和利用。例如，水处理公司可以与化工企业合作，共同开发氨氮回收技术和设备。技术创新与研发合作：氨氮废水资源化回收需要先进的技术和设备支持。不同行业的企业可以通过技术创新和研发合作，共同开发高效、低成本的氨氮回收技术。例如，水处理公司可以与科研机构、技术企业合作，共同研究和开发高效的氨氮回收材料和工艺。跨行业资源共享：不同行业的企业拥有不同的资源和优势，通过跨行业合作，可以实现资源的共享与互补。例如，水处理公司可以与农业企业合作，将回收的氨氮产品用于农业领域，提供农田的肥料，实现废水资源的有效回收利用。政策支持与合规性要求：政府在环境保护和资源利用方面的政策支持对于跨行业合作至关重要。政府可以鼓励不同行业的企业开展合作，提供相关的政策支持和资金扶持。同时，加强对氨氮废水资源化回收的监管和合规性要求，促进企业遵守环境法规，推动跨行业合作的发展。知识共享与培训合作：跨行业合作需要不同领域的专业知识和技能。企业可以通过知识共享和培训合作，促进跨行业合作伙伴之间的技术交流和能力提升。例如，水处理公司可以向其他行业的企业提供有关氨氮废水处理和资源化回收的专业知识和培训。总的来说，氨氮废水资源化回收的未来跨行业合作发展趋势将更加密切和多样化。各行业之间将加强合作，共同推动氨氮废水的回收利用，实现环境保护和资源可持续利用的目标。

　　综上所述，未来氨氮废水资源化回收的发展趋势将包括技术创新、循环经济导向、智能化和自动化、法规和政策支持，以及跨行业合作。这些趋势将推动氨氮废水资源化回收技术的不断发展和应用，为环境保护和可持续发展作出贡献。

参 考 文 献

[1]　戴情园, 谭弘李, 张婧, 等. 我国对苯二胺类抗氧化剂及其衍生醌类化合物污染现状及健康风险研究进展[J]. 环境化学, 2024, 43(10): 3207-3223.

[2]　王海燕. 环境监测废水及工业废水处理技术研究[J]. 山西化工, 2024, 44(11): 288-290.

[3]　岳耀冬. 好氧颗粒污泥处理低氨氮废水短程硝化研究[J]. 环境与发展, 2024, 36(4): 77-83.

[4]　李林隆. 活性滑石粉结晶鸟粪石从模拟养猪废水中回收磷的处理技术研究[D]. 东莞: 东莞理工学院, 2024.

[5]　Deng Z C, Cao Y. Fe-Mg alloy nitrogen carrier for chemical looping ammonia synthesis process formed by mechanochemical nitrogen fixation and heating hydrogenation[J]. Fuel, 2025, 384: 133930.

[6]　Ye Y Y, Ngo H H, Guo W S, et al. A critical review on ammonium recovery from wastewater for sustainable wastewater management[J]. Bioresource Technology, 2018, 268: 749-758.

[7]　Forrest A L, Fattah K P, Mavinic D S, et al. Optimizing struvite production for phosphate recovery in WWTP[J]. Journal of Environmental Engineering, 2008, 134(5): 395-402.

[8]　Bradford-Hartke Z, Lant P, Leslie G. Phosphorus recovery from centralised municipal water recycling plants[J]. Chemical Engineering Research and Design, 2012, 90(1): 78-85.

[9]　Desmidt E, Ghyselbrecht K, Zhang Y, et al. Global phosphorus scarcity and full-scale P-recovery techniques: A review[J]. Critical Reviews in Environmental Science and Technology, 2015, 45(4): 336-384.

[10]　Sagberg P, Ryrfors P, Berg K G. 10 years of operation of an integrated nutrient removal treatment plant: Ups and Downs. Background and water treatment[J]. Water Science and Technology, 2006, 53(12): 83-90.

[11]　De Vrieze J, Smet D, Klok J, et al. Thermophilic sludge digestion improves energy balance and nutrient recovery potential in full-scale municipal wastewater treatment plants[J]. Bioresource Technology, 2016, 218: 1237-1245.

[12]　Katehis D, Diyamandoglu V, Fillos J. Stripping and recovery of ammonia from centrate of anaerobically digested biosolids at elevated temperatures[J]. Water Environment Research, 1998, 70(2): 231-240.

[13]　Ukwuani A T, Tao W D. Developing a vacuum thermal stripping–acid absorption process for ammonia recovery from anaerobic digester effluent[J]. Water Research, 2016, 106: 108-115.

[14]　Dong R F, Lu H F, Yu Y S, et al. A feasible process for simultaneous removal of CO_2, SO_2 and NO_x in the cement industry by NH_3 scrubbing[J]. Applied Energy, 2012, 97: 185-191.

[15]　Kuntke P, Smiech K M, Bruning H, et al. Ammonium recovery and energy production from urine by a microbial fuel cell[J]. Water Research, 2012, 46(8): 2627-2636.

[16]　Maurer M, Schwegler P, Larsen T A. Nutrients in urine: Energetic aspects of removal and recovery[J]. Water Science and Technology, 2003, 48(1): 37-46.

[17]　Qin M H, He Z. Self-supplied ammonium bicarbonate draw solute for achieving wastewater treatment and recovery in a microbial electrolysis cell-forward osmosis-coupled system[J]. Environmental Science & Technology Letters, 2014, 1(10): 437-441.

[18]　Kuntke P, Sleutels T H J A, Saakes M, et al. Hydrogen production and ammonium recovery from urine by a Microbial Electrolysis Cell[J]. International Journal of Hydrogen Energy, 2014, 39(10): 4771-4778.

[19]　Lin Y Z, Guo M, Shah N, et al. Economic and environmental evaluation of nitrogen removal and recovery methods from wastewater[J]. Bioresource Technology, 2016, 215: 227-238.

[20]　Wu X, Modin O. Ammonium recovery from reject water combined with hydrogen production in a bioelectrochemical reactor[J]. Bioresource Technology, 2013, 146: 530-536.

[21]　Tice R C, Kim Y. Energy efficient reconcentration of diluted human urine using ion exchange membranes in bioelectrochemical systems[J]. Water Research, 2014, 64: 61-72.

[22]　Ogunwande G A, Osunade J A, Adekalu K O, et al. Nitrogen loss in chicken litter compost as affected by carbon to nitrogen ratio and turning frequency[J]. Bioresource Technology, 2008, 99(16): 7495-7503.

[23]　Cheng Y F, Zheng G J, Wei C, et al. Reactive nitrogen chemistry in aerosol water as a source of sulfate during haze events in China[J]. Science Advances, 2016, 2(12): e1601530.

[24]　He C, Wang K, Yang Y H, et al. Effective nitrogen removal and recovery from dewatered sewage sludge using a novel integrated system of accelerated hydrothermal deamination and air stripping[J]. Environmental Science & Technology, 2015, 49(11): 6872-6880.

[25]　Rahman M M, Salleh M A M, Rashid U, et al. Production of slow release crystal fertilizer from wastewaters through struvite crystallization–A review[J]. Arabian Journal of Chemistry, 2014, 7(1): 139-155.

[26]　Achilli A, Cath T Y, Marchand E A, et al. The forward osmosis membrane bioreactor: A low fouling alternative to MBR processes[J]. Desalination, 2009, 239(1/2/3): 10-21.